Wolfgang Ritter

Bienen
naturgemäß halten

Der Weg zur Bio-Imkerei

30 Farbfotos
36 Zeichnungen

Inhalt

Einleitung

Bienen geraten zunehmend in Not. Neue Krankheitserreger, die Umwelt mit einer verarmten Landschaft und der zunehmende Einsatz von Pestiziden konnten bereits als Ursachen dafür ausgemacht werden. Doch auch der Imker muss darüber nachdenken, inwieweit die eigene Bienenhaltung noch naturgemäß ist, oder ob sie sich bereits auf dem Weg zu einer intensiven oder sogar industrialisierten Bienenhaltung befindet.

Auch wenn niemand das Rad zurückdrehen kann und will, möchte dieses Buch den erfahrenen Imker ebenso wie den Jungimker anregen, manche Vorgehensweise kritisch zu überdenken. Dabei will es weder ein unumstößlicher Leitfaden noch ein weiteres Buch über eine Betriebsweise sein. Vielmehr soll es einen möglichen Weg mit allen seinen Chancen und Problemen aufzeigen. Letztendlich wendet sich das Buch an all die Imker, die ihre Bienen so naturgemäß wie möglich halten wollen, die im Umgang mit den Bienenvölkern als Nutztiere ähnliche ethische Regeln beachten wollen, wie sie bereits für Wirbeltiere bestehen.

Am Ende soll jeder selbst prüfen können, wie nahe er eventuell schon an der Bio-Imkerei ist, und wo er sich noch unterscheidet. Das Buch möchte an eine Bio-Imkerei heranführen. Egal, ob man nur im Verkaufsgespräch auf Übereinstimmungen hinweisen möchte oder mit der Führung des Bio-Warenzeichen zeigt, wo und für was die Bio-Imkerei steht. All denjenigen, die auf Bio umstellen wollen oder bereits umgestellt haben, gibt das Buch Anregungen für die Umstellungsphase und die betrieblichen Abläufe. Weiterhin soll die Entscheidung erleichtert werden, welchem Verband man sich anschließt, oder ob man ausschließlich unter dem EU-Siegel vermarkten möchte.

Schließlich will das Buch allen an Bienen Interessierten aufzeigen, wie spannend eine naturgemäße Haltung von Bienen sein kann und was sich hinter „Bio" und den Bio-Gütesiegeln verbirgt.

Ist Bienenhaltung immer naturgemäß?

Man könnte zunächst vermuten, dass Bienenhaltung grundsätzlich naturgemäß sein muss, denn Bienen leisten mit der Bestäubung einen wesentlichen Beitrag zum ökologischen Gleichgewicht in der Natur. Zudem haben sie als teildomestizierte Tiere eine gewisse Wildform beibehalten, was ihnen die Flucht bei ungünstigen Haltungsbedingungen ermöglicht. Sie könnten ohne weiteres – von Ausnahmen abgesehen – ohne Hilfe des Menschen überleben. Dies ist einer der Gründe, warum es beim Bienenvolk so unterschiedliche Haltungsformen gibt. Sie reichen vom „sich selbst überlassen" bis zur Lenkung jedes Lebensabschnitts.

Der neuerdings in den Großstädten vorkommende Bienenbeobachter möchte vornehmlich Bienen bei ihrem Treiben zuschauen und auch mal ein selbst produziertes Glas Honig kosten. Der Imker dagegen hält Nutztiere, um mit ihnen Honig zu produzieren oder sie für die gezielte Bestäubung von Pflanzen anzubieten. Ob dies auf der Stufe des Hobbys, des Nebenerwerbs oder des Berufs erfolgt, ist für eine naturgemäße Bienenhaltung eher unwichtig. Häufig wird die Auffassung vertreten, dass mit zunehmender Ausrichtung der Imkerei auf Erwerb das Naturgemäße immer mehr in den Hintergrund treten muss. Markus Imhoof dokumentierte in seinem Film „More Than Honey" am Beispiel eines amerikanischen Bestäubungsimkers, wie schnell bei der industriellen Imkerei die Grenzen zu einer rein auf Gewinnmaximierung ausgerichteten Massentierhaltung überschritten werden. Da werden Völker auseinandergerissen, in Einzelteile aus Arbeiterinnen und Königin sowie Pollen-, Honig- und Brutwaben zerlegt und nach Bedarf wieder zusammengesetzt.

In vielen Ländern Zentraleuropas, wie Deutschland, Österreich und der Schweiz, kommt die Imkerei jedoch einer naturgemäßen Haltung sehr nahe. Jedenfalls wesentlich näher als bei jeder anderen Form der Tierhaltung. Manchmal sind die Übergänge fließend und Unterschiede zu einer Bio-Imkerei nicht immer klar auszumachen. Es darf aber nicht verschwiegen werden, dass die Einhaltung von Bio-Richtlinien nur einen Teil einer artgerechten und umweltschonenden Bienenhaltung ausmachen. Ein darüber hinausgehendes Mitdenken und Handeln im Sinne des Tieres „Bienenvolk" – oder wie man früher sagte des „Bien" – ist trotzdem unerlässlich. Auch eine Bio-Imkerei kann sonst zu einer rein profitorientierten Tierhaltung verkommen und sich von mancher konventionellen Bienenhaltung sogar negativ abheben.

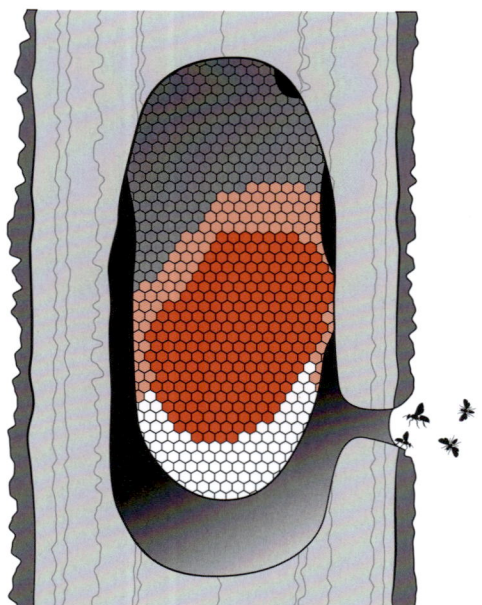

Das Nest eines Wildvolks ist immer gleich angeordnet: Die Honigvorräte oben und hinten, das Brutnest in der Mitte und dazwischen die Pollenvorräte

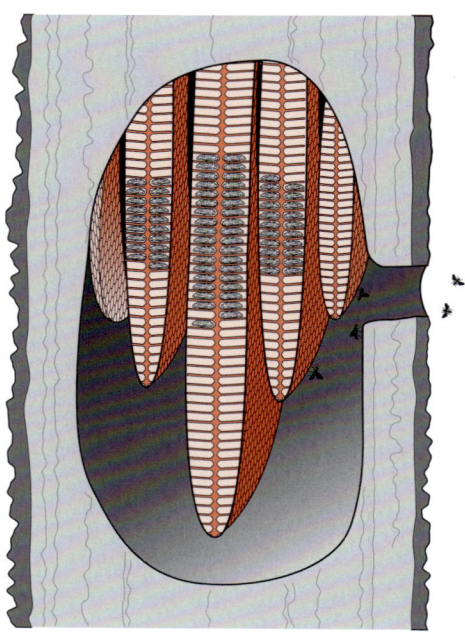

Ein in eine Baumhöhle eingezogener Schwarm baut die Waben so nebeneinander, dass das Brutnest die Form einer Kugel bildet und so von den Bienen leicht gewärmt werden kann.

Das Bienenvolk ist das Tier

Eine Honigbiene ist alleine nicht lange überlebensfähig. Sie benötigt die Gruppe, den Verband, eben das Bienenvolk, um als Art zu überleben und sich fortzupflanzen. Das Bienenvolk lebt in einem Nest aus mehreren Waben mit Brut und Nahrungsvorräten.

Die Nahrung wird gemeinsam gesammelt und eingetragen, verarbeitet und gelagert. Die Brut wird damit gefüttert. Im gemäßigten Klima dienen die Nahrungsreserven als Futter im Winter. Das Bienenvolk vermehrt sich durch Schwärmen, indem ein Teil des Volkes mit der Königin das Nest verlässt und ein neues Volk gründet.

Imker neigen traditionell dazu, das Bienenvolk mit einem Staat zu vergleichen und den Einzelwesen Begriffe aus der Welt des Menschen zuzuordnen. Da wird von der Arbeiterin und der Königin gesprochen. Während die Arbeiterin als Wesen ohne eigenen Willen gesehen wird, bestimmt die Königin alles. Das spiegelt sich auch an dem aus dem Mittelhochdeutschen für „Oberhaupt" abgeleiteten Begriff „Weisel" wieder. Ein Volk ist weiselrichtig, es hat eine Königin. Im Stock bilden die pflegenden Bienen einen Hofstaat, wenn sie sich um die Königin aufreihen. Wenn sie ausfliegt, um sich zu paaren, spricht man vom Hochzeitsflug.

Bei Johannes Mehring im 19. Jahrhundert wird die Königin zu den weiblichen Geschlechtsorganen und der Drohn zu den männlichen. Er betrachtet das Bienenvolk als „Einwesen" und vergleicht es mit einem Wirbeltier. Die Arbeiterinnen stellen Körperzellen mit unterschiedlichen Funktionen dar. Sie reichen von der Brutversorgung über die Wachsproduktion bis zur Sammeltätigkeit. Aber auch Wärmeerzeugung, Sinneswahrnehmungen und Sammeln gehören zu ihren Aufgaben.

Der Biologe sieht das Bienenvolk als Superorganismus, einem von William Mortan Wheeler 1911 geprägten Begriff für Insektenstaaten. Darin unterwerfen sie die Einzelwesen in der Funktion einer übergeordneten, auf die Gemeinschaft ausgerichteten Regelung. In diesem System sind die Kommunikation zwischen den einzelnen Lebewesen und die Koordination ihrer Tätigkeiten von großer Bedeutung. Diese Aufgaben erfüllen zum Beispiel der Bienentanz und die von den Bienen abgegebenen Botenstoffe, die Pheromone.

Obwohl die Königin nicht als Gehirn des Ganzen oder als königlicher Entscheider gesehen werden kann, steuert sie mit den von ihr abgegebenen Pheromonen wesentliche Vorgänge im Volk. Dazu gehören unter anderem die Unterdrückung der Eiablage von Arbeiterinnen, die Aufrechterhaltung des Bautriebs und der Zusammenhalt der Schwarmtraube. Die Funktionen der Arbeiterinnen werden wiederum von der Entscheidung der Gruppe geprägt.

Arbeitsteilung

Eine wichtige Voraussetzung für das Funktionieren des Bienenvolks ist die Arbeitsteilung. Sie ist abhängig vom Alter der Bienen, ohne starr zu sein. So können ältere Bienen Aufgaben von jungen übernehmen, wie es in der Brutaufzucht häufig vorkommt. Genauso können junge schnell „alt" werden, wenn plötzlich Sammlerinnen gebraucht werden. Das Ganze wird, wie für einen Superorganismus typisch, nicht von oben gesteuert, sondern ist eine Entscheidung von unten. Thomas Seeley beschreibt es als alleinige Entscheidung jeder Einzelbiene aufgrund von bestimmten Reizen, die kleine Veränderungen hervorrufen, die wiederum Reize für andere Bienen darstellen und auch bei ihnen zu Entscheidungen führen. Am Ende resultiert aus all den Kleinentscheidungen das Makroverhalten des gesamten Bienenvolks. Wabenbau, Wabennutzung und Schwarmverhalten sind solche Makroentscheidungen.

Thermoregulation

Auch die Regulation des Kleinklimas im Nest ist eine solche gemeinschaftliche Leistung. Die einzelne Honigbiene ist wechselwarm. Sie ist in der Lage, mit Hilfe von Muskelzittern im Brustabschnitt (Thorax) Wärme zu erzeugen und diese an die Umgebung abzustrahlen. Damit können die Bienen die Brut direkt oder einen Raum erwärmen. In den Wabengassen bilden sie mit ihren Körpern eine Isolation, die den Wärmeabfluss an die Umgebung verhindert.

In einem brütenden Bienenvolk ist das Wärmezentrum mit der Brut und im brutlosen Volk mit der Königin festgelegt. Wenn man die einzelne Biene als Regelkreis betrachtet, so regelt das Bienenvolk die Temperatur der Brut und der Wintertraube, indem sich tausende Regelkreise für ein Ziel miteinander vernetzen. Das Zusammenspiel aller Bienen im Bienenvolk bezeichnet man als soziale Homoiotherme, sicher eine der größten Leistungen des Superorganismus Bienenvolk.

Sommervolk mit Brut

Im Frühjahr und Sommer zieht ein Bienenvolk Brut auf. Die Entwicklungsprozesse der Brut hängen wesentlich von der Temperatur ab. Mit der Höhe der Temperatur werden sie beschleunigt und bei konstanter Temperatur in der Dauer festgelegt. Ein Bienenvolk regelt die Temperatur der Brut sehr genau auf 34 bis 36 °C ein. Dabei wärmen die mehr als zwei Tage alten Bienen nicht den Raum, sondern geben die Wärme direkt an die Brutzelle ab, entweder von oben oder über die Wände freier benachbarter Zellen.

Bei einer moderaten Umgebungstemperatur von etwa 20 °C reicht die im Ruhestoffwechsel abgegebene Wärme der zahlreichen Bienen aus. Bei sinkender Temperatur oder weniger zur Verfügung stehenden Bienen fangen zunächst einzelne Bienen an zu heizen. Schließlich ziehen sich die Bienen stärker zusammen, um den Wärmeabfluss aus den Wabengassen zu verringern. Bei steigenden Umgebungstemperaturen und drohender Überhitzung verlassen die Bienen zunehmend die Wabe und regen andere Bienen zum Wassersammeln an, um durch Ventilieren und Wasserverdunstung die Brut zu kühlen.

Wintertraube

Bei einer Umgebungstemperatur von 14–18 °C beginnt das Bienenvolk eine Traube zu bilden. Im Traubenkern mit relativ geringer Bienendichte können sich die Bienen frei bewegen. Darum herum bilden sie bei weiter sinkender Umgebungstemperatur eine dichter werdende Schale, in der die Bienen je nach Temperatur unterschiedlich angeordnet sind: Ruhig

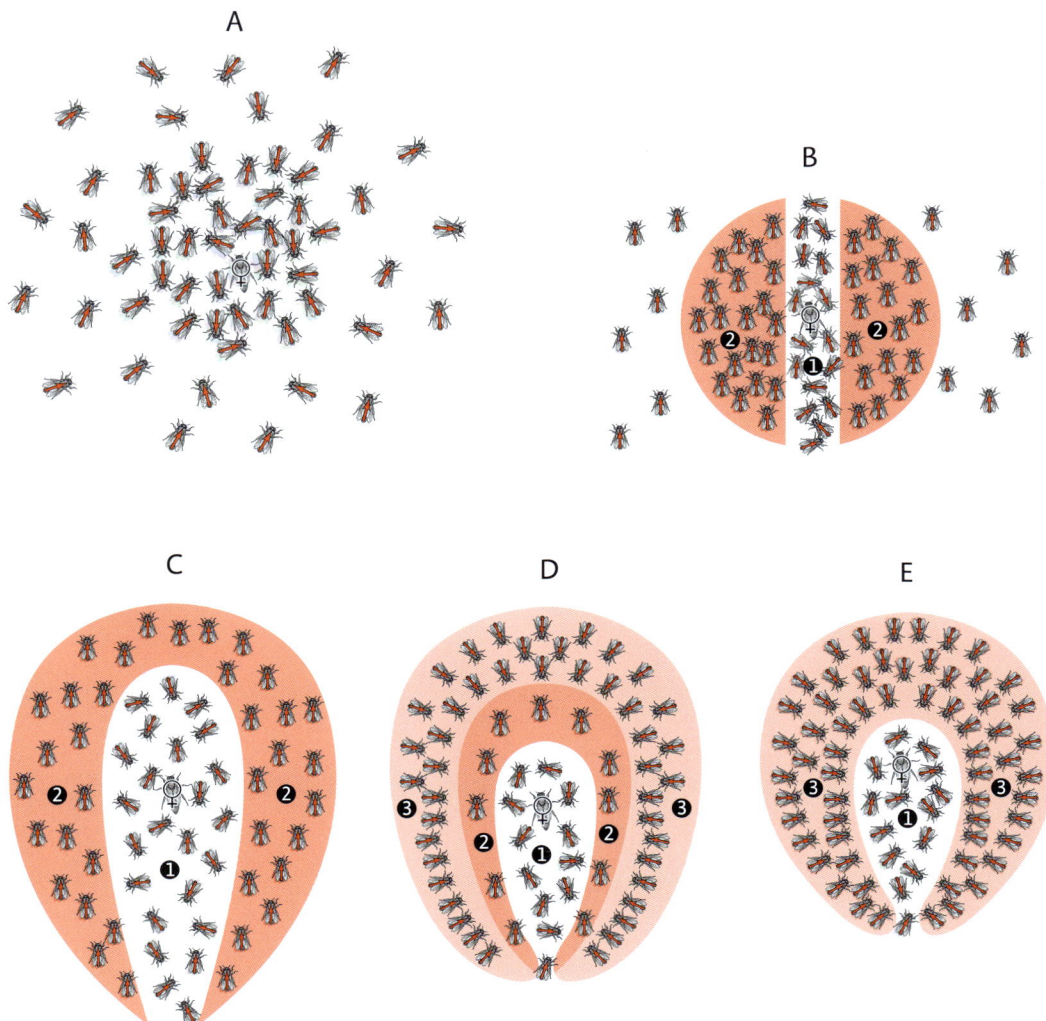

Anordnung der Bienen bei Bildung der Wintertraube
(verändert nach Anton Büdel, 1960)

A: Die Bienen laufen im Nest herum und verrichten
   verschiedene Arbeiten.

B: Bei einer Außentemperatur von 14–18 °C bilden die
   Bienen eine Traube. Im aktiven Zentrum (1) wird
   Brut gepflegt und Futter verarbeitet. Dort hält sich
   die Königin auf. Darum herum ordnen sich die Bienen dichter an (2). Auch außerhalb der Traube halten
   sich noch Bienen auf.

C: Bei weiter sinkender Umgebungstemperatur ver-
   dichtet sich die Bienentraube besonders im oberen
   Teil zunehmend (2).

D: Die eigentliche Wintertraube bildet sich, wenn über
   den senkrecht ausgerichteten Bienen eine Außen-
   schale mit nach innen gerichteten Bienen entsteht
   (3).

E: Bei Temperaturen unter 5 °C besteht die Schale nur
   noch aus nach innen gerichteten Bienen (3). Damit
   wird die maximale Isolation erreicht.

sitzende Bienen mit dem Kopf nach oben und dicht sitzende Bienen mit dem Kopf nach innen.

Im Innern der Traube liegt die Temperatur zwischen 25 und 35 °C, während sie an der Traubenoberfläche 9–10 °C beträgt. Die Thermoregulation ist ganz auf die Traubenoberfläche ausgerichtet. Dort darf die Temperatur nie unter 9 °C sinken, da sonst Bienen abfallen und erstarren könnten. Wenn die Außentemperatur fällt, ziehen sich die Bienen der Schale enger zusammen, wodurch die Temperatur im Kern weiter ansteigt und Wärme nach außen abgegeben wird.

Sobald die Bienen sich nicht weiter zusammenziehen können und die Temperatur an der Oberfläche unter den Sollwert sinkt, beginnen die Bienen im Innern Wärme zu produzieren. Die Zahl der Heizbienen und die Heizstärke nehmen von innen nach außen ab. Außen sitzen vorwiegend passive Bienen, die vornehmlich mit ihrem Körper isolieren. Nur im Notfall beginnen auch sie zu heizen.

Da im Gegensatz zu einem gleichwarmen höheren Organismus das Gehirn als regelndes Zentrum fehlt, müssen andere Möglichkeiten der Kommunikation im Bienenvolk bestehen. Der Informationsaustausch zwischen Kern und Schale kann rein mechanisch erfolgen, wenn die Bienen in der Schale bei sinkenden Temperaturen unruhiger werden oder durch Ein- oder Auswanderung eine erhöhte Wärmebildung ausgelöst wird. Bei geringem Absinken der Umgebungstemperatur fließt mehr Wärme ab und die Temperatur im Kern sinkt, was die Bienen dort zu einer erhöhten Wärmebildung anregt. Dies scheint in den einzelnen Wabengassen unabhängig voneinander, aber doch in irgendeiner Weise koordiniert abzulaufen.

Die Temperatur an der Oberfläche der Traube sinkt selbst bei Umgebungstemperaturen von −4 °C nicht unter 9 °C. Im Zentrum der Traube liegt die Temperatur im brutlosen Zustand über 20 °C und sobald Brut aufgezogen wird über 30 °C.

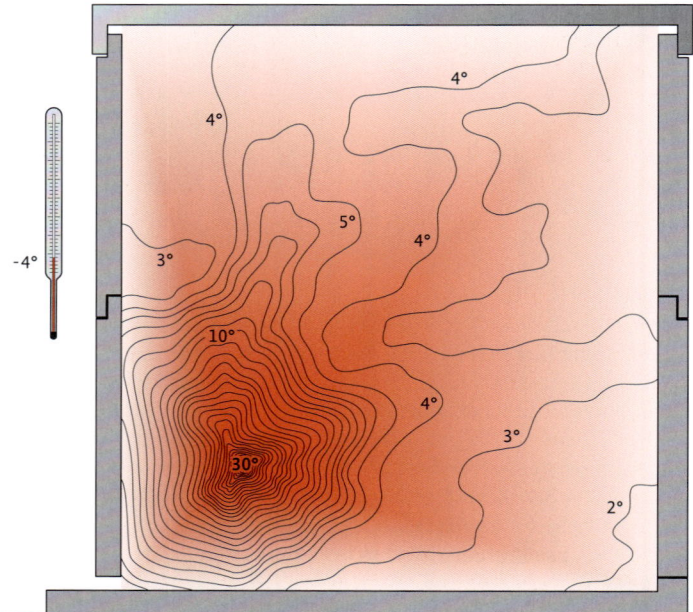

Die Dicke der Schale entscheidet ebenso wie die Größe des aktiven Kernbereichs über den Wärmeabfluss und die notwendige Wärmeproduktion zum Ausgleich. Dies ist immer mit Energieaufwand und daher mit Futterverbrauch verbunden. Ein zu kleines Volk mit weniger als 5.000 Bienen kann keine ausreichende Isolation aufbauen und hat daher im Winter kaum eine Überlebenschance. Mindestens 8.000 Bienen wären ideal. Ein zu großes Volk bildet eine stärker isolierende Schale, was die Kerntemperatur ansteigen lässt und zwangsläufig die Stoffwechselrate erhöht. Auch hier kommt es auf ein ausgewogenes Verhältnis an, was den Wildvölkern aber anscheinend gut gelingt.

In gemäßigtem Klima wird in der Regel ab der Jahreswende Brut aufgezogen. Mit ausdehnender Brutfläche nimmt die Größe des Zentrums der Traube zu und zwangsläufig die Dicke und Isolation der Schale ab. Dadurch steigt im späten Winter und beginnenden Frühjahr der Futterverbrauch der Völker an. Besonders gravierend wirken sich längere Kälteperioden nach einer Schönwetterperiode aus. Im Notfall kann Brut im Randbereich der Traube nicht mehr gewärmt werden und muss aufgegeben werden. Im Extremfall verlässt das Volk sogar die gesamte Brut und bildet die Traube in einem anderen Bereich des Nests.

Luftaustausch

Die Wintertraube verliert Wärme durch Wärmeleitung über die Waben, durch Strahlung und durch Luftströmung. Die Bienen besetzen aber nur einen kleinen Teil des Nests, wodurch der übrige Raum der Temperatur der Umgebung sehr nahe kommt. Schon wenige Zentimeter von den Randbienen der Wintertraube sinkt die Temperatur stark ab und kann im Frostbereich liegen. Die Nisthöhle bietet somit keine Isolation, sondern ausschließlich Schutz vor Wind, Niederschlägen und Feinden.

Die Bienen selbst produzieren Wasserdampf, der über das Flugloch abgeleitet werden muss. Dort wo die warme feuchte Luft sich abkühlt oder auf kühlere Flächen stößt, entsteht Feuchtigkeit. Übermäßige Feuchtigkeit senkt den Isolationswert der Waben und Wände, da es die Wärme um ein Vielfaches besser ableitet. Eine größere Öffnung wäre hier von Vorteil. Andererseits zieht eine zu starke Luftströmung im Nest Wärme ab. Hier gilt es für die Bienen, den richtigen Kompromiss zu finden, was sie mit Kittharz (Propolis) als Baustoff auch verwirklichen.

Wie ein großer Organismus

Mit dem Begriff „der Bien" fasste Ferdinand Gerstung im 19. Jahrhundert die Rolle der Bienen und des Volkes am besten zusammen. Eigentlich ist es aber egal, aus welcher Perspektive wir das Ganze sehen. Im Ergebnis aller Überlegungen ist das Tier das gesamte Bienenvolk. Das Tier stirbt, wenn das Volk stirbt.

Tote Bienen vor dem Nest können ein Anzeichen für ein gesundheitliches Problem des Volks sein, sie können aber auch einfach ihre Altersgrenze erreicht haben. Der Körper des „Biens" ist ein sehr fragiles Gebilde. Wenn bestimmte Körperfunktionen gestört und Abläufe nicht mehr möglich sind, leidet das Tier. Es verliert seine Widerstandskraft und die Fähigkeit, sich mit körpereigenen Mitteln zu heilen.

Ist ein Tier in seinem Überlebenskampf ganz auf fremde Hilfe von außen angewiesen, kann seine Haltung nicht naturgemäß sein. Wer Bienen naturgemäß halten will, muss die einzelnen Bereiche der Haltung Punkt für Punkt durchgehen und sich fragen, wie weit bin ich weg von der Natur, wie nah kann ich sein. Der Kompromiss aus einer naturgemäßen Haltung und der Haltung von Nutztieren muss lauten: So naturnah und artgerecht wie möglich, eben naturgemäß.

Die Bienenbeute

Am Anfang jedes imkerlichen Schaffens, aber auch der Umstellung eines Betriebes auf eine neue Haltungsweise, steht die Auswahl einer Beute. Man muss sich für eine Form und Größe entscheiden, wobei dies im Wesentlichen aus Zahl der Waben und ihrer Fläche ergibt. Mal abgesehen vom Bienenbeobachter, wird sich der Imker als Halter von Nutztieren wohl immer für den Mobilbau entscheiden.

Aber auch hier muss man sich fragen, was den eigenen Wünschen und Ansprüchen am meisten entspricht. Schließlich will man die Völker möglichst einfach und ohne unnötigen Arbeitsaufwand bearbeiten und Honig gewinnen. Trotzdem sollte man in einer naturgemäßen Imkerei versuchen, den natürlichen Ansprüchen der Honigbiene weitgehend gerecht zu werden. Bei der Entscheidung für ein System wird es auf einen guten Kompromiss zwischen naturgemäß und „imkerfreundlich" ankommen. Will man dabei dem natürlichen Nest der Bienen möglichst nahe kommen, muss man zunächst klären, wie sie es gestalten, wenn der Mensch nicht eingreift.

Die natürliche Nesthöhle

Am besten schaut man bei den wilden Honigbienen, indem man sie zwischen alternativen Angeboten entscheiden lässt: bei dem Standort des Nestes, der Breite und Höhe des Nesteingangs, der Ausrichtung des Nesteingangs, der Größe der Nesthöhle und beim Wabenbau. Diese spannen-

In einen Versuchen bot Thomas Seeley paarweise Nistboxen mit unterschiedlichen Flugöffnungen in der von Bienen bevorzugten Höhe an.

den Fragen löste Thomas Seeley, indem er wilden Honigbienenvölkern verschiedene Paare von Nistboxen anbot. Er beobachtete, für welche sich ein Schwarm entschied.

Zunächst ist die Größe des Eingangs ein wichtiges Kriterium. Eingänge mit einer Größe von 15 cm² werden von den Bienen gegenüber einem von 90 cm² bevorzugt. Das ist wenig überraschend. Erleichtern doch kleine Fluglöcher den Bienen, das Nest zu verteidigen. Weniger entscheidend ist wohl die Möglichkeit, bei heißen Wetter warme Luft hinaus zu fächern. Allerdings untersuchte Seeley die Wahl des Nestes im Wald. An vor Sonnenstrahlung ungeschützten Standorten könnte die Entscheidung anders aussehen.

Aber auch der für frühe und häufige Reinigungsflüge geforderte direkte Kontakt zur Umwelt, und die oft beobachtete verbesserte Überwinterung bei weit geöffnetem Flugloch und Gitterboden wird im natürlichen Nest nicht verwirklicht. Und dies, obwohl die Fluglochgröße nach Anton Büdel keinen Einfluss auf den Verbrauch von Winterfutter hat. Auch hier scheinen der Schutz vor Eindringlingen wie Mäusen und die bessere Möglichkeit zur Verteidigung des Nestes gegenüber räubernden Bienen mehr im Vordergrund zu stehen.

Wenig überraschend ist dagegen die bevorzugte Ausrichtung des Nesteingangs nach Süden. Diese besonders im Winter und Frühjahr optimale Nutzung der wärmenden Sonnenstrahlen ist eine wesentliche Voraussetzung für eine erfolgreiche Überwinterung. Nur so kommt es zu frühen und häufigen Reinigungsflügen und damit einer Unterstützung der Selbstheilungskraft der Bienenvölker (siehe S. 93).

Bei der Entscheidung, ob der Nesteingang oben oder unten angeordnet sein sollte, bevorzugen die Bienen den unteren Eingang. Dies kann man leicht mit der natürlichen Anordnung der Waben im Nest erklären. Unten ist Brut und oben Honig. Im Bereich der Honigwaben sind im Gegensatz zum Brutbereich nicht immer ausreichend viele Bienen präsent, um im Notfall den Nesteingang zu verteidigen. Weiterhin gelingt es den Bienen bei einem unten angeordneten Flugloch leichter die Temperatur im Stock zu halten. Oben kann dagegen warme Luft ständig entweichen, was nach Anton Büdel zu einem 33 % höheren Wärmeverlust führen kann. Andererseits ist das Flugloch der Ort, an dem der Luftaustausch stattfindet. Die Bienen erzeugen dort keinen gerichteten Luftstrom, sondern eine Turbulenz in Form von Luftwirbeln. Dies erleichtert bei fluglochnahem Bienensitz den Luftaustausch und damit die Thermoregulation im Nest und den Kontakt zur Umwelt.

Der Luftaustausch am Flugloch erfolgt nicht in einer gerichteten Strömung (A) sondern in Form von Turbulenzen (B) (nach Andon Büdel, 1960).

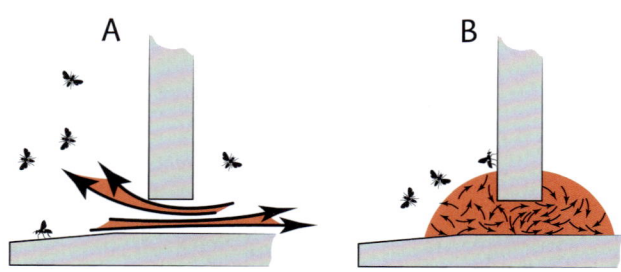

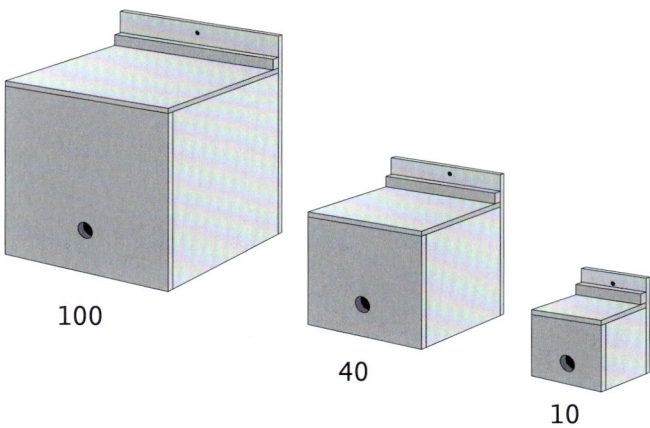

100

40

10

Konnten Schwärme in den Versuchen von Thomas Seeley zwischen Nisthöhlen mit unterschiedlichen Volumen (10 l, 40 l, 100 l) auswählen, so entschieden sie sich für eine Größe von 40 Litern.

Höhlenformen

Im Wald findet man die Bienenvölker bevorzugt in Nestern mit der Form eines senkrecht verlängerten Zylinders – die häufigste Form von Höhlen in Bäumen. Bietet man ihnen jedoch unterschiedliche Höhlenformen an, so wird nach Seeley keine bevorzugt. Die Diskussion unter Imkern, ob die Waben wie im Magazin übereinander oder wie in der Trogbeute hinterbeziehungsweise nebeneinander angeordnet sein sollten, interessiert die Bienen somit wenig, auch wenn sie sich im Laufe der Evolution an die senkrechte Zylinderform gewöhnt haben. Man weiß aber von Bienen in natürlich baumarmen Gebieten, dass sie dort Stein- und Erdhöhlen aller Formen ebenso gerne aufsuchen.

Bleibt die wohl spannendste Frage nach der von den Bienen bevorzugten Größe der Nisthöhle. Martin Lindauer konnte in seinen Untersuchungen zeigen, dass normal starke Schwärme Nisthöhlen mit einem Volumen von 30 Litern bevorzugten. Stehen in der freien Natur unterschiedlich große Hohlräume in Bäumen zur Verfügung, so liegen die Volumen der meisten von Bienen bewohnten Höhlen zwischen 30 bis 60 Litern. In Versuchen von Seeley wurden Volumen von 40 Litern gegenüber 10 und 100 Litern bevorzugt.

Stehen allerdings ausschließlich große Hohlräume zur Verfügung, so werden auch diese genutzt und mit Waben ausgebaut, jedoch nur bei Nestvolumen bis maximal 100 Liter. Die Frage nach dem Hintergrund dieser Entscheidung ist relativ einfach zu beantworten: Kleine Höhlen können einfacher kontrolliert und sauber gehalten werden. Zudem zwingen sie das Volk, sich eher im Schwarm zu vermehren und damit insgesamt zu verjüngen.

In kleinen Nisthöhlen sind natürlich auch die Wabenflächen begrenzt, sodass eine Gesamtfläche von einem Quadratmeter selten überschritten wird. Weiterhin zwingt die zylindrische Höhlenform der Nester im Baum zu großflächigen Waben, selbstverständlich ohne Unterbrechung durch Holzleisten – ein viel diskutierter Zusammenhang in der naturgemäßen Imkerei (siehe S. 34). Die Bienen sind somit eher gewohnt, auf wenigen großen Waben alles anzulegen, von Brut über Pollen bis zu Honig.

Die natürliche Wabenanordnung

Je nach Volksstärke und notwendigen Nahrungsreserven baut ein frisch in eine Nisthöhle eingezogener Schwarm an mehreren Stellen mehrere Waben parallel nebeneinander an die Höhlendecke. Diese Fähigkeit verdanken die Bienen ihrer Möglichkeit, sich im Erdmagnetfeld zu orientieren. Dazu besitzen die Bienen Millionen winziger eisenhaltiger Kristalle in der Haut (Epidermis) des vorderen Teils des Hinterleibes. Diese kleinen magnetischen Nanopartikel sollen sich nach Martin Lindauer und seiner Arbeitsgruppe während der Puppenentwicklung entsprechend des im Nest vorherrschenden Magnetfeldes ausrichten. Da dort alle Waben parallel angeordnet sind, besitzen alle in einem Nest aufgewachsenen Bienen und somit auch alle Bienen im Schwarm gleich ausgerichtet Magnetsinnesorgane. Deshalb bauen die Bienen sehr koordiniert alle Waben erneut parallel in der vorgegebenen Richtung

In der Senkrechten gibt ihnen die Schwerkraft die Richtung an, die sie mit ihrem Schweresinn ermitteln. Er besteht aus feinen Härchen zwischen den Gelenken an Beinen und Fühlern, aber auch zwischen Rumpf und Kopf. Dieser wirkt beim Bau der Wabe wie ein Pendel, sodass die Biene immer die Senkrechte ausloten kann. Nach unten wachsen die Waben dem Bedarf entsprechend bis fast zum Boden der Höhle.

Zur besseren Stabilität werden die Waben auch seitlich befestigt, dazwischen dienen Aussparungen als Durchschlupf von einer Wabengasse zur anderen. Nur an nach innen schrägen Wänden mit einem Winkel von 68,5 (65–75) Grad wird die Wabe nicht fest mit der Wand verbaut. Nicht immer ist alles feinsäuberlich parallel und gerade. Dies ist aber im Nest von wilden Bienen ohne Bedeutung, schließlich will niemand Waben bewegen. Letztendlich entscheidet, was sich für das Volk am besten eignet.

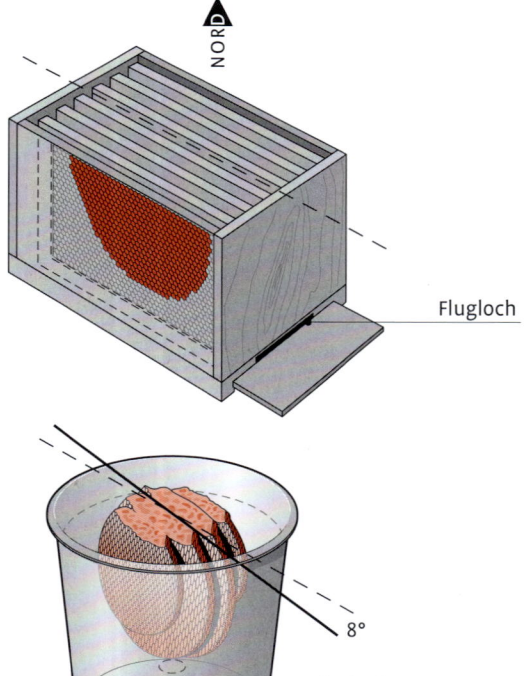

Flugloch

8°

Flugloch

Die Bienenbeute in der Imkerei

Während sich die Bienen bei der Nisthöhle mehr oder weniger klar entscheiden, fällt dies dem Imker deutlich schwerer. Nichts in der Imkerei hat in Mitteleuropa zu einer größeren Vielfallt geführt als Beutentyp und Rähmchenmaß. Ganze Bereiche in den

In Versuchen von Martin Lindauer und Oehmke bot man dem Schwarm einen Eimer mit der Flugöffnung in der Mitte des Bodens an. Trotzdem bauten die Bienen die Waben mit kleinen Abweichungen in die gleiche Richtung wie im Ursprungsnest (verändert nach Karl Frisch, 1974).

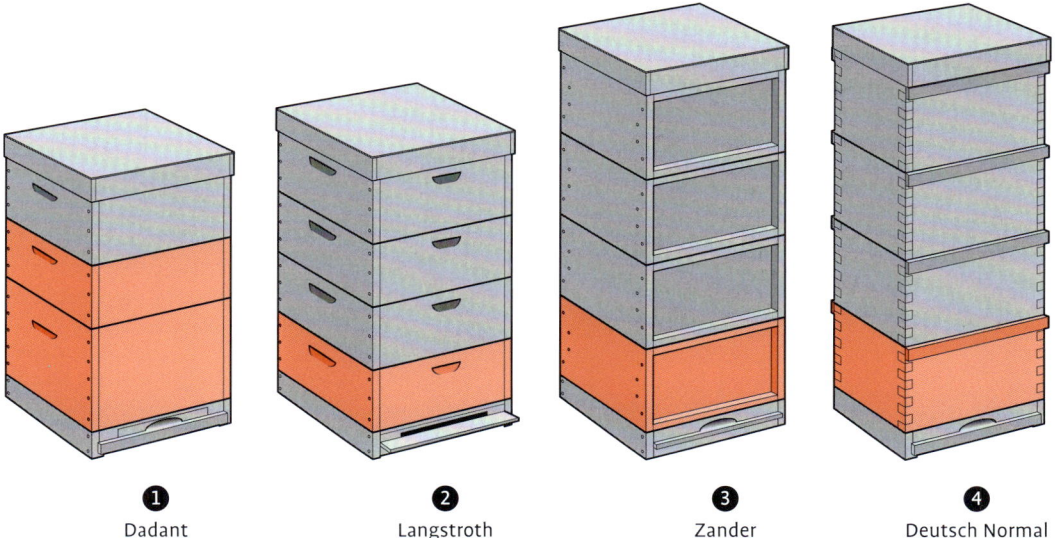

❶
Dadant

❷
Langstroth

❸
Zander

❹
Deutsch Normal

Imkermuseen sind gefüllt mit all den Wirrungen und Irrungen der letzten Jahrzehnte, wenn nicht Jahrhunderte. Viele Imker haben in ihrem Imkerleben alle möglichem Beutentypen und Maße ausprobiert. Doch von derartigem „Beuten-Hopping" ist dringend abzuraten, denn es kostet Geld und ist besonders in der Übergangzeit ausgesprochen mühevoll.

Lässt man mal alle Anmaßungen und Eitelkeiten weg, bleiben auch für den Imker nur wenige Entscheidungskriterien übrig. Diskussionen etwa, ob neun oder zehn Waben besser sind, haben wohl nur die Imker, aber nie die Bienen geführt. Wichtiger ist die unterschiedliche Gewichtung der Kriterien. Diese Entscheidung ist bei Bienen ganz von ihrer Schwarmneigung und weniger von übermäßigen Nahrungsreserven geprägt.

Beutenvolumen

Überträgt man die Wohnraumwahl der Wildbienen auf neue Beutensysteme, wird dies deutlicher. Ein Schwarm würde sich immer für eine einzargige Magazinbeute (Langstroth) oder ähnlich große Beuten entscheiden. Zweizargige würden noch vollständig besiedelt, dreizargige aber abgelehnt.

Dies widerspricht den Interessen der Imker. Sie möchten das Schwärmen eher unterbinden und die Völker zwingen, besonders viel, beziehungsweise fortlaufend Nahrungsreserven anzulegen. Dazu benötigt man einen großen Honigraum. Im Vergleich zu der im Wildvolk gebauten maximalen Wabenfläche weist eine dreizargige Magazinbeute mindestens die dreifache Fläche auf.

Doch nicht nur für das Schwärmen, sondern auch für die Hygiene ist das Volumen des Nests entscheidend. Für die Bienen ist es schwieriger,

Die verschiedenen Typen von Magazinbeuten unterscheiden sich sowohl im Gesamtvolumen als auch in der Größe der einzelnen Räume.

in einem großem Nest alles möglichst sauber und ein bestimmtes Klein-klima aufrecht zu halten. Dies gelingt nur, wenn das Verhältnis von Bie-nen und Raum stimmt. Deshalb ist es in einer naturgemäßen Imkerei wichtig, das Beutenvolumen so gut wie möglich an die Volkstärke anzu-passen (siehe S. 52).

Dort wo Brut aufgezogen wird ist sicher der kritischste Bereich. Hier müssen die Bienen vor der Eiablage die Zellwände zur Desinfektion mit Propolis überziehen. Erkrankte oder fehlentwickelte Brut muss erkannt und entfernt werden. Gleichzeitig gilt es eine bestimmte Temperatur auf-rechtzuhalten, damit gesunde Nachkommen heranwachsen.

Wenn die Bienen Wärme durch Muskelzittern erzeugen, verbrauchen sie Futter. Mit einer variablen Isolation, das heißt eine an die Umge-bungstemperatur angepasste Dichte der Bienentraube, versuchen sie den Futterverbrauch so niedrig wie möglich zu halten. Besonders kritisch ist dies im Frühjahr, wenn die Brutflächen schon groß sind, aber Wetterein-brüche und kühle Nächte eine maximale Wärmeproduktion erfordern. In dieser Zeit ist jeder unnötige Wärmeabfluss an die Umgebung un-günstig und führt am Ende zu deutlich höherem Futterverbrauch. Beson-ders ungünstig wirken sich dann in die Wintertraube hineinreichende Holzteile aus, weil sie das Kleinklima unterbrechen. Noch gravierender sind Metallteile, die wegen ihrer hohen Leitfähigkeit besonders viel Wärme ableiten.

Doch nicht nur die Biene, sondern auch der Imker hat berechtigte Ansprüche an die Beute. Bienenbeuten werden vom Imker verstellt, Honigräume abgenommen. Das Gewicht der Beuten hat somit nicht nur einen Einfluss auf den Energieverbrauch beim Transport, sondern letzt-endlich auch auf die Gesundheit des Imkers.

In der Wanderimkerei spielt natürlich die Mobilität der Beute insge-samt eine große Rolle. Sie sollte nicht sperrig und möglichst leicht zu transportieren sein. Dies gilt vor allem für Honigzargen, die in einer Imkerei am häufigsten bewegt werden. Hier stellen die Bienen kaum Ansprüche, da diese Honigkränze für die Bienen mehr Lagerplatz und weniger Lebensraum darstellen. Sie bieten nur zusätzliches Futter und werden nach dem Verdeckeln kaum noch aufgesucht. Für den Imker ist ihr Gewicht aber das entscheidende Argument. Nicht jeder kann und will seinen Betrieb so mechanisieren, dass der Rücken auch beim Tragen der schwersten Beuten immer geschont bleibt.

Der Beutentyp

Beuten ohne Mobilbau

Eine naturnahe Imkerei wird sich zunächst nach den natürlichen Ansprü-chen des Bienenvolks richten. Es überrascht daher nicht, dass heute die vor allem in den Städten verbreiteten Bienenbeobachter auf möglichst ursprüngliche Nestbauten setzen. Die Herstellung von Klotzbeuten und Strohkörben ist vielen zu aufwendig. Auf der Suche nach einfachen Beu-ten hat man dort eine einfache Bienenkiste gefunden. Sie besteht mehr oder weniger aus sechs Brettern, an deren Deckel oder dort befestigte Leisten die Bienen die Waben bauen. Diese einfachste Haltungsform ist

Ferdinand Gerstung schrieb vor mehr als 100 Jahren nicht zu Unrecht:
„Die Bienenwohnung sei dem Bien genehm und dem Imker bequem."

natürlich nicht für eine wirtschaftliche Honigproduktion geeignet, auch wenn die Honigwaben mit Hilfe von Leisten entnommen werden können. Für die Beobachtung von Bienen am Flugloch und ein paar Gläser Honig reicht es aber allemal.

Auch wenn man sich damit deutlich von der Nutztierhaltung der Imker unterscheidet, müssen auch diese Bienenhalter seuchenrechtliche Bestimmungen beachten und ihre Bienenhaltung anmelden. Da sich dieses Buch vor allem an den Nutztierhalter wendet, kann auf diese oder ähnliche Beutensysteme nicht weiter eingegangen werden. Wir verweisen auf die ausreichend vorhandene Spezialliteratur und auf die Recherche im Internet.

Beuten mit Mobilbau

In Europa ist eine Imkerei, die auch einen gewissen Ertrag anstrebt, ohne Mobilbau nicht denkbar. Auch hier gibt es sehr unterschiedliche Systeme. Die Beuten sind entweder für Behandlung von oben oder von hinten vorgesehen. Hinterbehandlungsbeuten werden bevorzugt in Bienenhäusern verwendet und sind daher vor allem im deutschsprachigen Raum verbreitet. Mit Ausnahme des Schweizer-Kastens haben sie aber heute kaum noch Bedeutung. Das gilt auch für Bienenhäuser, die wegen der engen Aufstellung von meist zu vielen Beuten für die Gesundheit und Entwicklung der Bienenvölker ungünstig sind.

Eine andere Beute, die Top Bar Hive, hat in Europa und auch sonst in der Welt eine gewisse Verbreitung erfahren. Selten wird sie aus wirtschaftlichen Überlegungen gewählt. Mancher meint, damit eine sehr ursprüngliche und naturnahe Haltungsform verwirklichen zu können.

Ursprünglich hatte man sie als Kenyan Top Bar Hive speziell für Zentralafrika entwickelt, um dort den Imkern die Umstellung von der im Baum aufgehängten Röhrenbeute zu einer „modernen" Beute zu erleichtern. Man war damals der Auffassung, dass nur mit mobilen Rähmchen eine ertragreiche Imkerei möglich sei. Die Beute kann aus wenigen Holzteilen zusammengesetzt werden. Statt Rähmchen werden nur noch Oberträger verwendet. Auf die seitlichen Leisten der Rähmchen kann verzichtet werden, da ein steiler Winkel von 68,5 Grad der Seitenwände der Beute verhindert, dass die Bienen die Waben dort anbauen.

Die von den Bienen an den Oberträger gebauten Naturwaben haben nur eine geringe Stabilität, was sich besonders bei vollen Brut- und Honigwaben bemerkbar macht, die nur senkrecht bewegt werden dürfen. Diesen Nachteil gleichen manche durch in der Mitte an den Oberträger befestigte Holzleisten oder Stäbchen aus (siehe Tafel 5/Bild 1). Man kann die Waben nicht ausschleudern, sondern nur Press- oder Tropfhonig gewinnen. Für eine auf die Produktion von Honig ausgelegte Imkerei ist sie daher nur bedingt geeignet.

Lagerbeuten

Anders sieht es bei einem anderen, im Grundsatz ähnlichen Beutentyp mit Vollrähmchen aus. Dieser als Lagerbeute bezeichnete Typ hat den Vorteil, dass man zur Bearbeitung keine schweren Zargen abheben muss und dass man die Völker behutsam erweitern oder einengen kann. Ande-

rerseits ist die maximal mögliche Zahl der Waben mit der Größe des Tro-
ges festgelegt. Je nach Betriebsweise und Standortbedingungen muss
man sich im Voraus für eine Zahl zwischen 18 und 40 Waben entscheiden. Als Anfänger oder bei einem Standortwechsel tut man sich daher
schwer, denn der Umbau erfordert finanziellen und handwerklichen Aufwand.

Man kann zwar mit Honigräumen nach oben erweitern, handelt sich
damit jedoch wieder Nachteile ein. So ist die Bearbeitung erneut aufwendiger und der Einsatz von Bienenfluchten erschwert. Der in der heutigen
Imkerei verbreitete Gitterboden zur Varroa-Kontrolle lässt sich ebenfalls
schwerer einbauen.

Lagerbeuten sind für die Aufstellung im Freiland gedacht. Beim
Transport sind sie allerdings eher unhandlich und schwer. Auch werden
dafür nur selten Betriebsweisen entwickelt und geprüft. Man ist mehr
oder weniger auf seine eigene Erfahrung angewiesen. Andererseits haben
sie besonders für diejenigen ihren Reiz, die überwiegend den Spaß an der
Imkerei sehen. Für Menschen mit einem körperlichen Handikap oder
allen denen, die nicht schwer heben können oder wollen, stellen sie eine
ernstzunehmende Alternative dar.

Ähnlich urteilt mancher über die Mellifera-Einraumbeute. Wie der
Name bereits verrät, besteht sie aus einem einzigen Raum, in dem bis zu
22 Waben angeordnet sind. Die Fläche dieser Hochwaben entspricht der
von Dadant-Waben. Im Winter und beim Einlogieren eines Schwarmes
besteht der mit einem Trennschied verkleinerte Raum aus acht bis zehn
Waben. Im Laufe der Saison kann dieser um Leerrahmen oder ausge-
schleuderte Waben erweitert werden.

In der Einraumbeute kann das Volk ein großes zusammenhängendes
Brutnest mit entsprechender Honigversorgung in der Nähe einrichten.
Der gegenüber manchen Magazinbeuten unter Umständen geringere
Honigertrag wird durch eine schnelle und schonende Bearbeitung ausge-
glichen. So sehen es zumindest die Befürworter dieser Beute.

Alle diese Beutensysteme haben ihre Anhänger und Liebhaber gefunden. Trotzdem sind sie bisher nur wenig verbreitet und werden deshalb
hier nur kurz dargestellt. Auch bei ihnen muss zur Vertiefung der
Betriebsweisen auf die zahlreiche Spezialliteratur und Recherche im
Internet verwiesen werden.

Im Folgenden soll nur auf die beiden am weitesten verbreiteten Systeme bei Magazinbeuten, die Klein- und die Großraumbeute, eingegangen werden. Auch hier können nicht alle Varianten genannt und besprochen werden. Im Vordergrund steht die Frage, wie und ob in dem
jeweiligen System eine naturgemäße Bienenhaltung möglich ist.

Magazinbeuten

Bei beiden Systemen der Magazinbeuten ist eine Anordnung der Waben
quer und längs zur Flugöffnung möglich. Der Imker bezeichnet dies als
Warm- und Kaltbau und beschreibt damit den möglichen Wärmeabfluss.
Bereits Büdel konnte an den Körben zeigen, dass die Ausrichtung der
Waben für die Bienen unerheblich ist. In der Natur richten die Bienen die
Waben entsprechend der vorgegebenen Ausrichtung während der Auf-

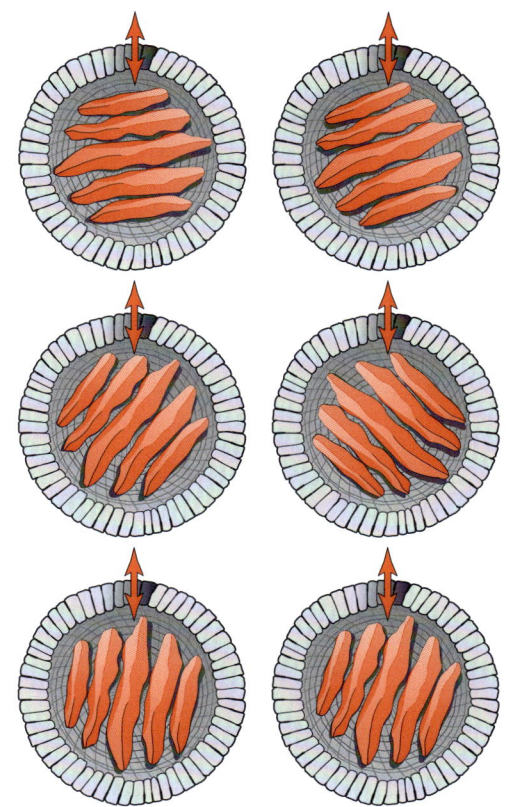

Die von einem Bienen-
schwarm in runden Kör-
ben gebauten Waben
sind unabhängig vom
Flugloch ausgerichtet
(nach Anton Büdel,
1960).

Im Magazin können die
Waben längs (Kaltbau)
oder quer (Warmbau)
zum Flugloch angeord-
net sein.

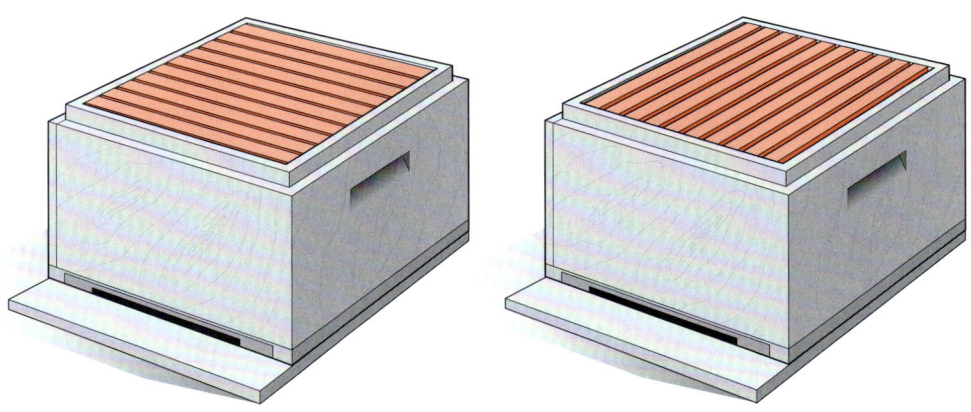

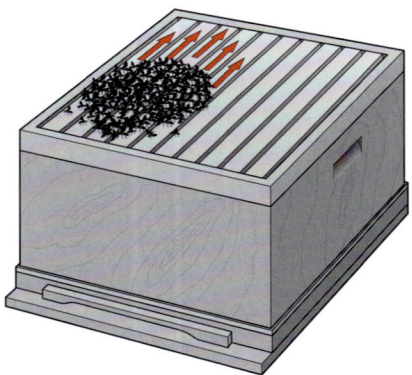

Im Kaltbau ist der Zehrweg der Wintertraube günstiger, da nicht in neue Wabengassen gewechselt werden muss.

zucht aus (siehe S. 18) und scheren sich um die Ausrichtung zur Flugöffnung nur wenig.

Manche Imker sehen Vor- und Nachteile der Wabenstellung im Zehrweg der Wintertraube. Dieser beginnt am Wintersitz des Bienenvolks in der Nähe der Flugöffnung. Beim Quer- beziehungsweise Warmbau erreichen die Bienen im Laufe des Winters nur die Hälfte des Futters und sie müssen auf die nächste Wabengasse wechseln. Bei Temperaturen unter 10 °C gelingt dies nicht immer. Auch können die Bienen leicht den Kontakt zueinander und zum Futter verlieren.

Man kann den Bienen den Wechsel erleichtern, indem man zwischen den Oberträgern und Deckel einen Abstand von sechs Millimetern einhält und zumindest im Winter keine Folie dazwischen legt. Im Längs- beziehungsweise Kaltbau kann dagegen ohne Wechsel ausreichend viel Futter aufgenommen werden. Doch nicht von jedem und nicht in jeder Beute wird dies als Hemmnis gesehen oder wirkt sich nachteilig aus. So tritt das Problem bei der Überwinterung in zweiräumigen Kleinraumbeuten ebenso wie in Großraumbeuten nicht oder höchst selten auf.

Häufig entscheiden konstruktive Merkmale sowie Stärke der Kastenwandung und Aufhängung der Rähmchen über die Anordnung. Aber auch die Bearbeitung der Völker kann ein Kriterium für die Entscheidung sein. Um bei der Herausnahme der Waben unnatürliche Drehbewegungen des Körpers zu vermeiden, sollte man beim Warmbau hinter und beim Kaltbau seitlich zur Beute stehen. Viele werden sich aufgrund von persönlichen Erfahrungen für einen Typ entschieden haben. Manche sehen einen Nachteil des Warmbaus darin, dass die heimkehrenden Sammlerinnen stärker irritiert und beunruhigt sind, wenn die fuglochnahen Waben herausgenommen werden. Außerdem kann nicht wie im Kaltbau zur schnelleren Durchsicht der Völker das Nest um jeweils eine Randwabe nach links oder rechts verschoben werden.

Kleinraumbeute

Weltweit und auch im deutschsprachigen Raum am weitesten verbreitet sind Kleinraumbeuten. Bei ihnen besteht der Brutraum aus ein oder zwei übereinander angeordneten Wabensätzen, manchmal auch als geteilter Brutraum bezeichnet. Darüber werden je nach Bedarf die Waben des Honigraums angeordnet. Diese von oben zu behandelnden Beuten bestehen aus einzeln übereinander setzbaren Magazinen, mit denen je nach Bedarf der Brut- oder Honigraum erweitert werden kann. In der Regel wird nur mit einem Rähmchenmaß gearbeitet. Nur wenige Imker arbeiten mit Halbmaßen im Honigraum. Im Einzelnen unterscheiden sie sich in der Zahl und der Größe der Rähmchen. Im deutschsprachigen Raum hat sich Deutschnormal- und Zandermaß durchgesetzt (siehe S. 25). Weltweit herrscht dagegen das in den USA entwickelte Langstrothmaß vor. Jedes dieser Maße hat seine Vor- und Nachteile. Was der Imker bevorzugt, hängt letztendlich von der Betriebsweise, der gehaltenen Bienenrasse und dem Trachtangebot ab.

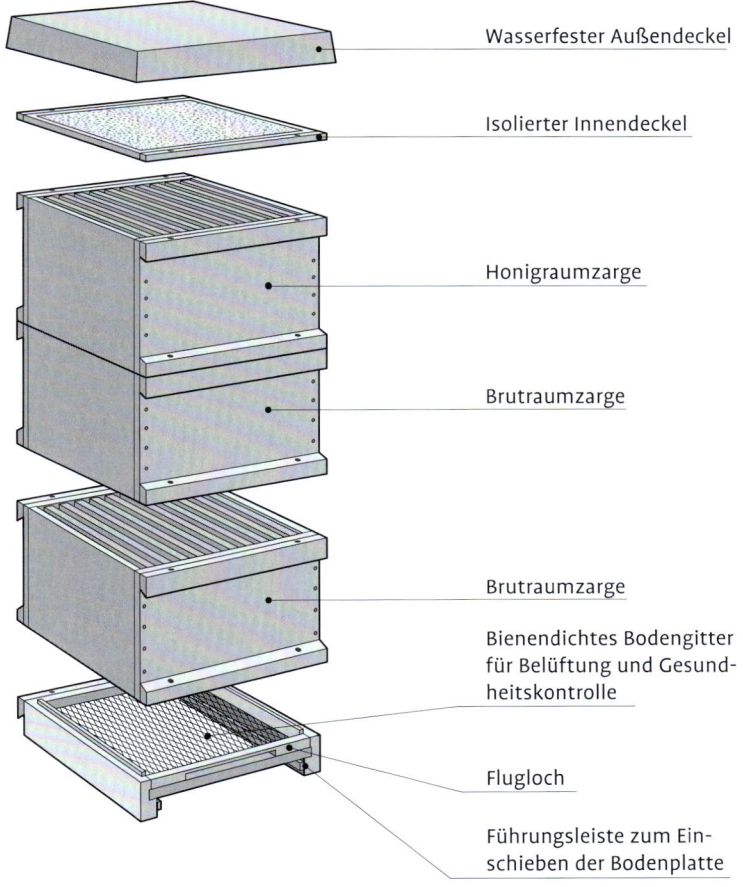

Wasserfester Außendeckel

Isolierter Innendeckel

Honigraumzarge

Brutraumzarge

Brutraumzarge

Bienendichtes Bodengitter
für Belüftung und Gesund-
heitskontrolle

Flugloch

Führungsleiste zum Ein-
schieben der Bodenplatte

Die Zanderbeute in ihren
Einzelteilen.

Großraum-Magazinbeute

Dadant entwickelte in den USA bereits vor mehr als 100 Jahren eine
Beute mit großem Brutraum, in der die Königin nahezu unbegrenzte
Fläche zur Eiablage hatte (siehe S. 26). Die Honigzarge ist nur halb so
groß. Ein Austausch der Halbrähmchen im Honigraum mit den Vollrah-
men im Brutraum ist nicht möglich. Die Wabenerneuerung über Waben
des Honigraums ist somit ausgeschlossen.

Andererseits gelangen so auch keine mit Varroziden belasteten
Waben in den Honigraum und keine mit Pestiziden belasteten in den
Brutraum, immer noch die häufigste Ursache von Rückständen im Honig
oder sublethalen Schäden an der Brut (siehe S. 89). Für den gesunden
Rücken des Imkers ist entscheidend, dass selbst volle Honigzargen deut-
lich leichter sind als bei anderen Systemen.

Bruder Adam Kehrle hielt die Dadant-Beute aufgrund der Brutraum-
größe für am besten geeignet. Für ihn standen die Brut- und Honigleis-
tung und weniger das natürliche Bedürfnis der Bienen im Vordergrund.

Die Dadant-Beute nach
Bruder Adam in ihren
Einzelteilen.

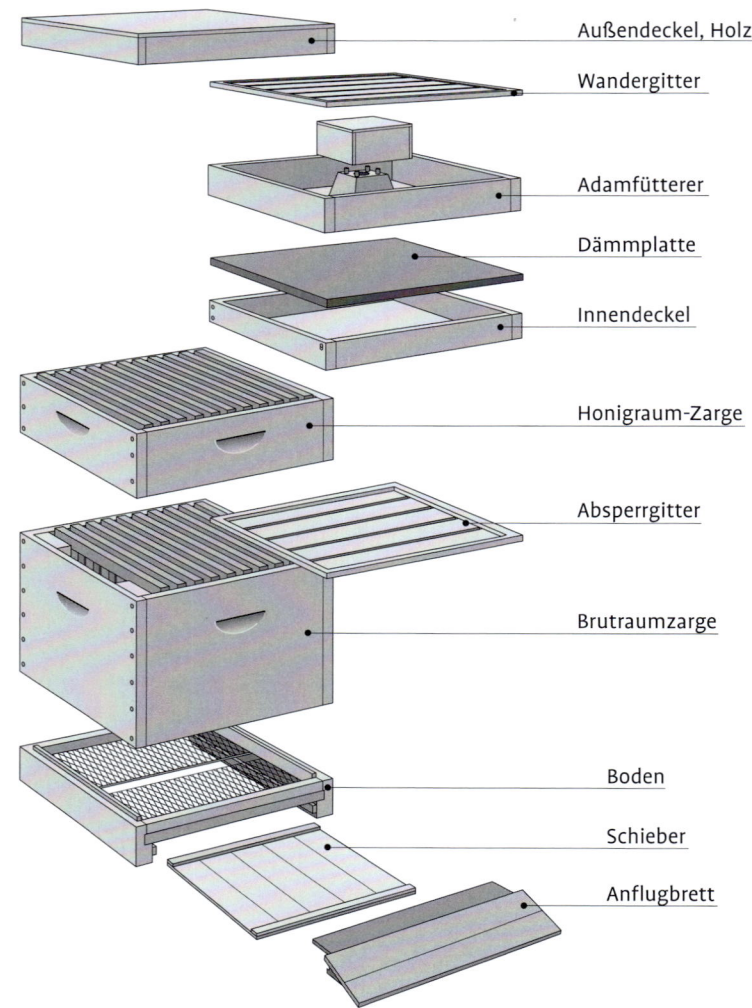

Außendeckel, Holz

Wandergitter

Adamfütterer

Dämmplatte

Innendeckel

Honigraum-Zarge

Absperrgitter

Brutraumzarge

Boden

Schieber

Anflugbrett

In Europa fand seit 1950 die etwas modifizierte Beute mit der von ihm
gezüchteten Buckfastbiene und der damit verbundenen Betriebsweise
weite Verbreitung. Wie bei anderen Beutensystemen sind inzwischen
zahlreiche abgewandelte Varianten in Gebrauch.

Boden und Deckel

Jede Magazinbeute braucht einen Boden und Deckel. Mal abgesehen
von integrierten Futtergeschirren, sind die meisten Deckel recht einfach
gebaut. Wichtig ist, dass sie dem Bienenvolk und dem Beutenmaterial
ausreichend Schutz vor der Witterung bieten. Ein im Deckel integriertes
Gitter oder gegen den Deckel austauschbarer Gitterrahmen erleichtern

bei der Wanderung die Belüftung und eine schnelle Befeuchtung von eventuell „überhitzten" Völkern.

Im Gegensatz zum Deckel hat der Boden in den letzten Jahrzehnten viele Veränderungen durchgemacht. Seit der Varroa kann auf den Gitterboden nicht mehr verzichtet werden. Nur so ist eine leichte Kontrolle des Befalls und des Erfolgs einer Behandlung möglich. Zudem kann das Gemülle im Winter wertvollen Aufschluss über Sitz und Aktivität des Bienenvolks geben.

Doch die Bodenschieber sollten im Winter nur kurz zur Kontrolle eingesetzt werden. Inzwischen hat man nämlich einen weiteren Vorteil des offenen Bodens erkannt. Die Bienen haben dadurch im Winter und Frühjahr einen direkten Kontakt zur Umgebung und es kommt früher und häufiger zu den für die Gesundheit so wichtigen Reinigungsflügen (siehe S. 93). Wegen der besseren Durchlüftung entsteht weniger Feuchtigkeit in Bodennähe und Schimmel an den Außenwaben tritt seltener auf.

Das Material

In einer naturgemäßen Bienenhaltung wird man beim Bau der Beuten ausschließlich auf Baustoffe zurückgreifen, die die Bienen auch in der Natur verwenden oder als Nistplatz auswählen. Europäische Honigbienen sind Waldbienen und bauen daher ihre Nester vorwiegend in hohlen Bäumen. Nichts liegt daher näher, als für den Bau der Beuten ebenfalls Holz zu verwenden.

Andere natürliche Materialien wie Lehm und Stroh werden zwar von Wildbienen zum Nestbau verwendet, nicht aber von Honigbienen. Das liegt sicher daran, dass erst zu Körben geflochtenes Stroh ausreichend Platz für ein Honigbienenvolk bietet. Ebenso sind entsprechend große Höhlen in Lehmwänden eher selten.

Auf nicht natürliche Materialien wird man aber nicht immer verzichten wollen und können, da der Beutenbau sonst aufwendiger und teurer würde. Es gilt abzuwägen, wo die Grenze gegenüber einer naturgemäßen Haltung zu ziehen ist. So sind für die Stabilität und Funktion metallische Verbindungsteile notwendig. Zur Behandlung der Varroose werden überwiegend organische Säuren verwendet. Man sollte daher soweit es geht auf korrosionsgefährdetes Metall verzichten. Andererseits ist ein Gitterboden für die gezielte Bekämpfung der Varroose und dem reduzierten Einsatz von Medikamenten unerlässlich. Aber auch ein Metalldach wird die Haltbarkeit der Beuten deutlich erhöhen.

Warum nicht auch Kunststoff? Schließlich entwickeln sich die Völker darin ähnlich gut – manche meinen, sogar besser. Die im Vergleich höheren Durchschnittstemperaturen in den Beuten veranlassen die Bienen zeitiger, die Wintertraube aufzulösen und das Brutgeschäft zu beginnen. Ebenso zieht sich das Volk am Ende der Saison später zusammen und brütet länger. Bleibt die berechtigte Frage, ob man diesen künstlichen Eingriff in die natürliche Entwicklung des Bienenvolks will und ob die zusätzliche Brut besonders in Hinblick auf die Varroose nicht eher von Nachteil ist.

Für die Kunststoffbeute wird oft das Argument des geringeren Gewichts in die Waagschale geworfen. Eine Dadant-Beute aus Hartpor®

mit einem Halbmagazin als Aufsatz wiegt acht bis neun Kilogramm, die aus Holz auf etwa 16 Kilogramm. Ohne Frage erleichtert dies den Transport und entlastet den Rücken des Imkers.

Wegen der problematischen Herstellung und der schwierigen Entsorgung werden Kunststoffe aus Gründen des Umweltschutzes abgelehnt. Polystrol und Poyrethan werden aus Erdöl hergestellt. Sie durchlaufen dabei lange Prozessketten. Einige Zwischenprodukte sind hochgiftig und schädigen zum Teil die Ozonschicht. Sie sind schwer zu recyceln und bei der Verbrennung problematisch. Die Befürworter von Kunststoffen verweisen auf neue Produktionsverfahren, die weder die Ozonschicht belasten noch Treibhausgase fördern. Auch könnten viele Kunststoffe recycelt oder anderweitig verwendet werden.

Mikrokunststoffpartikel

Inzwischen sind Mikrokunststoffpartikel als weitere Belastung hinzugekommen. Sie entstehen bei Abrieb von Plastikbehältern und Geräten, sind aber auch Bestandteil in Kosmetika, etwa in Dusch-Peelings und in Putzmitteln wie in Scheuermilch. Die oft nur wenige Nanometer großen, mit bloßem Auge nicht sichtbaren Teile sind allgegenwärtig und wurden in Luft und Wasser nachgewiesen. Sie landen in der Nahrung und die kleinsten in den Zellen von Tier und Mensch. Was das am Ende für die Gesundheit bedeutet, weiß man noch niemand so genau. Zurzeit beschäftigen sich verschiedene Institutionen und Forschungseinrichtungen damit.

Inzwischen fand man Mikrokunststoffpartikel auch in verschiedenen europäischen Honigen und im Zucker. In den Honig können sie auf vielerlei Weise hineingeraten sein: durch die Biene über Nektar, Honigtau, Pollen und Wasser, aber auch durch den Imker über Abrieb von Behältern, Folien, Abkehrbesen, Sieben, Gittern und Reinigungsmitteln. Zumindest auf den Part des Imkers haben wir direkten Einfluss. Ein Grund mehr, warum Kunststoffmaterialien in einer naturgemäßen Imkerei nichts zu suchen haben.

Viele Fragen bei der Herstellung und Verwendung von Kunststoffen bleiben aber offen oder unbeantwortet. Immer wieder wird der Vorwurf laut, dass die Hersteller nicht auf mögliche Gefahren hinweisen oder diese kleinreden. In dem mit vielen Preisen ausgezeichneten Film „Plastic Planet" hat Werner Boote einige dieser Argumente und Probleme aufgezeigt. Kunststoffbeuten haben auch ganz praktische Nachteile, zum Beispiel bei der Desinfektion nach einem Ausbruch der Amerikanischen Faulbrut. Eine Entseuchung mit Hitze ist nicht möglich. Desinfektionsmittel gelangen nicht tief genug in poröse Kunststoffe, die anders als die tiefen Schichten im Holz von den Bienen leicht erreicht werden. Auch in den Ritzen älterer Beuten können Sporen überleben.

Bleibt am Ende noch die Frage, welches Holz am besten geeignet ist. Harthölzer wie Buche und Eiche sind sehr anfällig für Pilzbefall. Die meisten Imker bevorzugen Weymouths-Kiefer wegen ihrer Leichtigkeit. Doch gut gelagertes Fichtenholz bringt mehr Schutz gegen Feuchtigkeit, ist zudem ähnlich gut haltbar. Da es sich um eine heimische Holzart handelt, ist sie deutlich günstiger in der Anschaffung.

Gut zu wissen
In jedem Fall gehören die Kunststoffe nicht zu den natürlichen Materialien und verändern nicht nur die klimatischen Bedingungen im Nest grundlegend.

Der Anstrich

Der äußere Anstrich der Bienenbeuten dient nur nebenbei einem schönen Erscheinungsbild. Auch für die Orientierung der Bienen beim Auffinden des Nestes ist er nicht wirklich notwendig, denn nur bei in Reihe oder besonders eng aufgestellten Völkern können Farbmarkierungen den Bienen beim Heimfinden eine Hilfe sein. Allerdings sind dabei Formen wichtiger als Farben. Sonst erkennen Bienen den Nesteingang eher an seiner örtlichen Lage.

Entscheidend bei der Wahl des Anstrichs ist der Schutz vor Verwitterung, besonders bei der freien Aufstellung. Im Handel sind eine Reihe hochwirksamer und dauerhafter Anstriche erhältlich, die aber zum großen Teil ungeeignet sind. Sie enthalten zur Abwehr sogenannter Schadinsekten Biozide (Pestizide) oder giftige Lösungsmittel. Der „Blaue Engel" hat in diesem Zusammenhang keine Bedeutung. In jedem Fall darf der Außenanstrich der Beuten die Bienen nicht schädigen und nicht zu Rückständen im Honig führen. Man sollte daher nur natürliche Anstriche verwenden oder ganz auf einen Anstrich verzichten.

Besonders kritisch in einer naturgemäßen Bienenhaltung ist die Innenfläche der Beute. Hier kann auf einen Anstrich ganz verzichtet wer-

So wird's gemacht!

Leinöl-Anstrich

Leinöl ist ein Pflanzenöl, das aus Samen von reifen Flachs (*Linum usitatissimum*) gepresst wird. Es eignet sich gut zur Grundierung und zum Anstrich, trocknet allerdings sehr langsam.

Manche greifen zum schneller trocknenden Leinölfirnis. Wegen der enthaltenen Sikkative ist es aber kein Naturprodukt mehr.

- Leinöl kann sich schon bei Raumtemperatur selbst entzünden, daher Lappen und Ähnliches in geschlossenen Behältern aufbewahren, Pinsel mit Wasser reinigen
- Es kann direkt auf abgeschliffenes Holz dünn aufgetragen werden
- Harzgallen vorher ausbohren oder mit Spiritus auswaschen
- Nach einigen Stunden Glanzstellen mit sauberen Lappen aufnehmen oder verstreichen
- Gut gelüftet zwei bis drei Tage trocknen lassen

Propolis-Anstrich

Propolis eignet sich als natürliches Produkt aus dem Bienenvolk besonders gut zum Anstrich der Beuten. Es schützt und wirkt gut gegen Pilzbefall. Am besten verwendet man das beim Abkratzen von Rähmchen und Beuten anfallende meist mit Wachs und Holz vermischte Kittharz. Derartig verunreinigtes, während des ganzen Jahres angefallenes Propolis, darf man sowieso nicht für die Herstellung von Proplistropfen als Tinktur zur Anwendung beim Menschen verwenden (siehe S. 110). Man kann Propolis auch mit Olivenöl und Wachs mischen und dies heiß auftragen.

- 250 g Propolis in 1 Liter Brennspiritus lösen
- Holzteile damit einstreichen
- In mehreren Schichten auftragen

den, denn die Bienen überziehen die Oberfläche wie im natürlichen Nest mit Propolis. Damit werden nicht nur Ritzen und Löcher versiegelt, sondern auch eingeschleppte Bakterien, Pilze und Viren abgetötet. Diesen wichtigen Schutz vor Krankheiten und Schädlingen sollte man möglichst nicht entfernen. Nur bei nach einer längeren Lagerung ohne Bienen oder nach Ausbruch einer Krankheit wird man innen abflammen müssen.

Die Rähmchen

In Beuten mit Mobilbau werden Rähmchen verwendet, damit man die einzelnen Waben bewegen oder herausnehmen kann. Erst die Entdeckung des „Bee space", das heißt des Bienenabstandes von acht Millimeter (+/– zwei Millimeter) im 19. Jahrhundert machte dies möglich. Ist der Abstand zwischen den Waben größer, verbauen die Bienen den Raum mit Wachs. Ist er kleiner, verkitten sie ihn mit Propolis.

Doch nicht nur der Abstand der Rähmchen, sondern auch der der Waben ist wichtig. Bei Brutwaben sollte die Wabengasse 10 bis 12 Millimeter betragen. So können die Bienen noch beide gegenüberliegenden Waben belaufen und die Brut auf beiden Seiten wärmen. Auch hier wird ein zu großer Abstand mit Wachs oder Waben verbaut und ein zu kleiner verkittet.

Während dieses Maß von den Bienen vorgegeben ist, hängen das äußere Maß der Rähmchen und der Beutentyp eng voneinander ab. Welches Maß einer naturgemäßen Bienenhaltung am nächsten kommt, dürfte nur schwer zu entscheiden sein, sieht man mal von der Bevorzugung von kleinen Nisthöhlen durch den Schwarm ab. Trotzdem haben

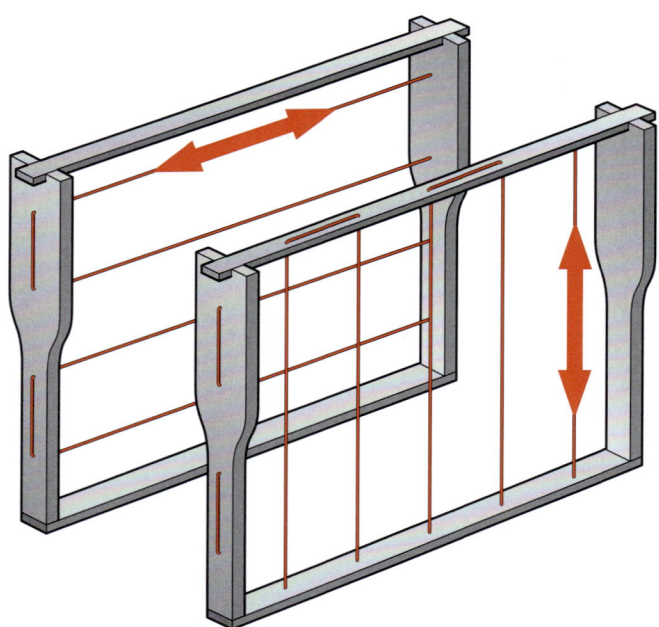

Die senkrechte Drahtung (vorne) hat gegenüber der waagrechten (hinten) den Vorteil, dass ein Wachstreifen als Bauhilfe für Naturbau leichter eingelötet werden kann.

sowohl Rähmchenmaß als auch Beutentyp einen wesentlichen Einfluss auf die Betriebsweise und werden dort näher beschrieben (siehe S. 32).

Bleibt noch die Frage, ob man die Rähmchen drahtet oder nicht. Die Drahtung kam erst mit der Verwendung von Mittelwänden auf. Die quer oder längs zwischen den Rähmchenteilen gespannten Drähte bestehen heute meist aus 0,4 Millimeter dicken Edelstahl. Sie erleichtern das Einlöten der Mittelwände mit Hilfe einer Stromzufuhr, geben der Wabe Stabilität und Edelstahl rostet nicht. Dies ist auch beim mobilen Naturwabenbau von Bedeutung. Denn Waben brechen leicht, wenn man sie bei der Durchschau der Völker in die Horizontale dreht oder zur Gewinnung von Honig ausschleudert. Man kann auch andere Stabilisatoren wie Holzstäbe und Leisten verwenden. Egal wie man sich entscheidet, alles hat mit einer naturgemäßen Imkerei nichts zu tun. Es bringt aber ohne Zweifel dem Imker wesentliche Vorteile.

Der Brut- und Honigraum

Ist die Entscheidung für Mobilbau und Magazinbeute gefallen, bleibt noch die zwischen mehrräumiger und großräumiger Beute: Man muss also zwischen mehrräumiger Magazinbeute mit Langstroth-, Zander- oder Deutschnormalmaß und der Dadantbeute mit großer Brutraumwabe und halben Honigwaben wählen.

Der Honigraum

Die Frage der halben Honigzargen ist schnell geklärt. Schließlich wiegt so eine volle Halbzarge nur 16 Kilogramm, während eine volle Zarge mit Zanderwaben immerhin auf fast das doppelte Gewicht kommt. Ein Gegenargument: Beim Schleudern sind doppelt so viele Handgriffe notwendig. Man könnte natürlich auch mit halben Zanderwaben arbeiten, aber dann wäre ein Vorteil der Kleinraumbeute, die Austauschbarkeit der Zargen, nicht mehr gegeben. Nur in der wenig verbreiteten Flachzargen-Imkerei setzt sich auch der Brutraum aus Halbzargen zusammen. Damit sind wir beim wesentlichsten und häufigsten diskutierten Unterschied zwischen beiden Systemen angelangt, dem ungeteilten und geteilten Brutraums. Beide, Befürworter und Gegner, beanspruchen für sich die überzeugendsten Argumente. Am Ende entscheidet wohl die persönliche Gewichtung der einzelnen Argumente.

Vor- und Nachteile von geteiltem und ungeteiltem Brutraum		
	Brutraum ungeteilt	Brutraum geteilt
Übergang zwischen Brutäumen	Kein	Bis zu 5 cm Abstand zwischen den Waben
Wabenhygiene	Keine Durchmischung von Brut- und Honigwaben	Mit Honigwaben werden gezielt Brutwaben ersetzt (auch zargenweise)
Erweiterung des Brutraums	Mit Trennschied wabenweise	Meist zargenweise
Schwarmkontrolle	Wabenkontrolle	Kippen der Zargen

Der Brutraum

Ohne Frage ist der Brutraum der zentrale Lebensraum des Bienenvolkes. Hier müssen die Bienen die Möglichkeit haben, weitgehend ungestört und ökonomisch die Temperatur der Brut auf einen exakten Wert zu regulieren, um gesunde Brut aufzuziehen. Jeder Eingriff löst zwangsläufig Stress aus. Nicht nur, dass daraufhin kurzfristig die Temperatur sinkt, sondern auch die Pflege der Brut wird vorübergehend eingestellt oder zumindest eingeschränkt. Ein auch nur kurzfristiges Absinken der Temperatur oder Futtermangel wirken sich gravierend auf die Widerstandskraft der aus dieser Brut schlüpfenden Bienen aus.

Bei der routinemäßigen Kontrolle hat die Großraumbeute unbestritten Vorteile. In der Regel müssen maximal zwölf gezogen werden, während bei der Kleinraumbeute 20 bis 22 Waben anfallen. Der erfahrene Imker geht gezielter vor, er wird mit weniger auskommen. Doch das Verhältnis bleibt für die Kleinraumbeute ungünstig. Lediglich bei der Schwarmkontrolle muss man die großen Waben ziehen, während im geteilten System ein Kippen reicht. Je nach Beutensystem kann hier aber die Zarge eventuell abrutschen, was nicht nur für den Imker unangenehm ist.

Ein Austausch von Waben zwischen Honig- und Brutraum ist in Großraumbeuten nicht möglich. Früher war es besonders bei Hinterbehandlungsbeuten üblich, zur schnellen Vergrößerung der Völker Leerwaben oder Mittelwände zwischen die Brutwaben zu geben oder einen neuen Raum mit einer „hochgehängten" Brutwabe zu eröffnen. Beides hat in einer naturgemäßen Imkerei wegen der gestörten Thermoregulation und des enormen Stresses keinen Platz (siehe S. 10).

Bei der Kleinraumbeute kann am Ende der Saison die Bauerneuerung durch Austausch des Brutraums erfolgen: Der nun brutfreie untere Brutraum wird entfernt und so wird der obere Brutraum zum unteren, der ehemalige Honigraum mit noch unbebrüteten Waben wird zum neuen Brutraum. Damit ist im Brutraum eine Bauerneuerung im zweijährigen und im Honigraum im ein- bis zweijährigen Rhythmus vorgegeben. Aus der Sicht der Wabenhygiene ein idealer Zustand.

In der Großraumbeute erfolgt der Austausch einzelner Waben aufgrund der Begutachtung des Imkers. In der Regel sollten ein Drittel, also drei bis vier Brutwaben, jedes Jahr ausgetauscht werden. Das ist schonen-

So wird's gemacht!

Austausch von Waben

Bei gleichem Wabenmaß im Honig- und Brutraum kann man 50 % der Waben zargenweise austauschen:

- Den Völkern zum Auffüttern oben eine Zarge mit ausgeschleuderten Honigwaben geben

- Die unterste Brutzarge mit den ältesten Waben nach dem Auslaufen der Restbrut im Herbst oder Frühjahr komplett entfernen und einschmelzen
- Obere Brutraumzarge wird zur unteren und Honigwabenzarge zum oberen Brutraum gemacht

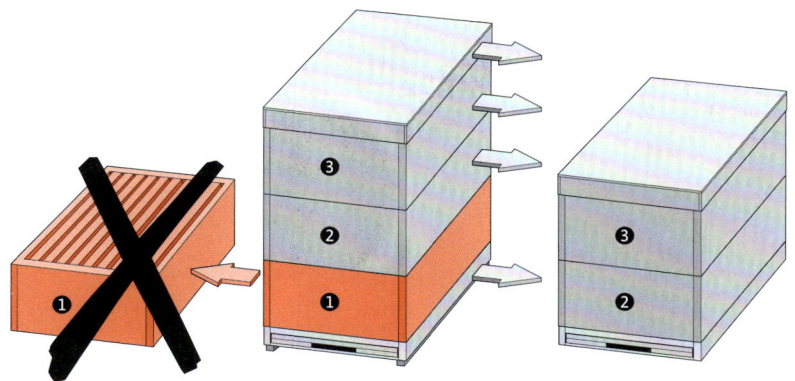

Zur Erneuerung der
Waben wird der untere
Raum entfernt und der
erste Honigraum zum
oberen Brutraum.

der als eine ganze Zarge. Jedoch können sich Fehler einschleichen,
wenn nicht systematisch und kontrolliert erneuert wird. Beim geteilten
Brutraum ist dagegen ein gewisser Automatismus gegeben. Zusätzlich
wird der Ablauf beschleunigt, wenn auch häufig das Aufsetzen ganzer
Zargen mit dem fast unvermeidlichen Quetschen von Bienen einhergeht.
      Probleme mit Rückständen können auftreten, wenn die Bauerneue-
rung im Brutraum mit Waben aus dem Honigraum erfolgt. Dies gilt

So wird's gemacht!

Einschmelzen von Waben

Da Wachs bereits bei 65 °C schmilzt,
kann man Waben auf verschiedene Arten
einschmelzen.

- Wasserbad: Mit geringem technischen
  Aufwand werden Viren und Nosema-
  Sporen abgetötet
- Sonnenwachsschmelzer: Ohne zusätz-
  lichen Energieaufwand werden bei bis
  zu 120 °C auch hartnäckigere Krank-
  heitskeime abgetötet
- Dampfwachsschmelzer: Unter Druck

können bei bis zu 130 °C zahlreiche
Waben gleichzeitig eingeschmolzen
werden
- Solarofen oder Ölbadschmelzer mit
  Thermoöl: 40 Minuten bei 150 °C über-
  leben Sporen der Amerikanischen
  Faulbrut nicht. Nach Ausbruch der
  Amerikanischen Faulbrut muss die
  Sanierung nach Anweisung des
  Amtstierarztes in Einklang mit den
  gesetzlichen Vorgaben erfolgen.

Desinfektion von Waben

Will man Waben aus kranken Völkern
wieder verwenden, sollte man sie vorher
desinfizieren.
Für zehn Waben reichen 120 ml 60 %ige
Essigsäure aus. Entweder legt man damit getränkte Schwammtücher oder Filz-
platten zwischen die Zargenstapel oder

ein offenes Gefäß mit der Flüssigkeit
darunter.
Vorteile: Greift im Gegensatz zur
Ameisensäure Metallteile nicht an, ist
kostengünstig und unbedenklich für
Lebensmittel.
Nachteil: Kurze Wirkdauer.

besonders, wenn die Bienen in Kulturen von intensiver Landwirtschaft sammeln oder Umweltgiften von Industrie oder Verkehr ausgesetzt sind (siehe S. 87). Pestizide oder andere fettlösliche Giftstoffe gehen vom wasserlöslichen Nektar in das Wachs über. Positiv: Der Honig bleibt weitgehend rückstandsfrei. Negativ: Die in den ehemaligen Honigzellen aufwachsende Brut ist ständig diesen Giftstoffen ausgesetzt (siehe S. 91). In der Großraumbeute besteht dieses Problem nicht. Hier erfolgt die Bauerneuerung immer über neu zu bauende Waben, das heißt entweder mit Hilfe von Mittelwänden oder über Naturwabenbau.

Das nicht unterbrochene Brutnest wird als wesentliches Argument für die Großraumbeute vorgebracht. Unbestritten ist dies naturgemäßer als die Kleinraumbeute, da in einer Baumhöhle die Königin bei der Eiablage auch keine die Wabenflächen trennende Holzleisten oder Zwischenräume überwinden muss. Allerdings weiß jeder, der wilde Völker „eingefangen" hat, dass sich das Bienenvolk kaum an Wabenunterbrechungen wie Holzleisten stört. Bedarf bestimmt den Bau, auch wenn es „über Stock und Stein" gehen muss. Zudem legt die Königin die Eier nicht immer in konzentrischen Kreisen an. Trotzdem entsteht zumindest auf frischen Waben ein geschlossenes Nest.

In der Kleinraumbeute kommt es immer wieder vor, dass bei der wechselseitigen Durchsicht der einzelnen Zargen die ursprüngliche Ordnung der übereinander angelegten Brutwaben nicht wieder hergestellt wird. Dies führt zwar in einem normalen Volk nicht zu wesentlichen Brutausfällen, bringt aber einen unnötigen zusätzlichen Stress für die Bienen. Kritisch wird es besonders in kühlen Nächten, wenn wegen der unnatürliche Brutnestform die Wärme nur mit zusätzlichem Energieaufwand gehalten werden kann.

Beutengröße

Bleibt am Ende noch die Frage nach der Größe der Beute. Tom Seeley fand in seinen Untersuchungen, dass Schwärme von Wildbienen Räume von 30 bis 60 Liter bevorzugen (siehe S. 17). Größere oder kleinere Nisthöhlen waren die Ausnahme. In dieser Spannbreite finden sich die kleinsten Deutschnormal-Magazine mit 37 Litern und die größten Dadant-Beuten mit etwa 59 Litern. Der Vorteil des größeren Volumens liegt in einem guten Kompromiss zwischen größtmöglicher Nähe zur Natur und der in der größeren Beute geringeren Schwarmneigung.

EU-Öko-Verordnung

In der EU-Ökoverordnung findet man keine Vorgaben zu Rähmchenmaß und Beutentyp. Das überrascht wenig, denn zu vielfältig sind die Meinungen und Erfahrungen in einem Verein, einer Region und erst recht in der EU. Der Beutenbau sollte aber hauptsächlich aus natürlichen Materialien bestehen. Diese müssen eine Kontamination der Umwelt oder der Imkereierzeugnisse ausschließen. Für den Innenanstrich dürfen nach der EU-Ökoverordnung nur natürliche Stoffe wie Propolis, Pflanzenöl und Wachs verwendet werden.

Richtlinien der Bio-Verbände

Nur von Demeter wird die Größe der Rähmchen im Brutraum vorgeschrieben. Da die geforderte nicht unterbrochene Brutfläche nur in Großraumbeuten möglich ist, können nur Dadant-Beuten oder ähnliche verwendet werden. Alle Verbände machen dagegen konkrete Angaben zum Baumaterial. Beuten dürfen nur aus Holz, Stroh und Lehm bestehen. Nur bei Kleinteilen sowie Abdeckungen, Gittern und Futtergeschirren lassen sie Ausnahmen zu. Nicht ganz nachvollziehbar sind die Ausnahmen für Isolierungen bei Naturland und Gäa. Diese sind weder notwendig noch naturgemäß.

Hinsichtlich der Gestaltung der Rahmen werden kaum Vorschriften gemacht. Allerdings dürfen sie zum Beispiel bei Demeter nicht verdrahtet werden. Abstandshalter aus Kunststoff sind allerdings mit Ausnahme von Bio-Austria bei allen Verbänden tabu. Die in der konventionellen Zucht üblichen Kunststoffteile wie Weiselnäpfchen und Zusetzkäfig sind ebenfalls abzulehnen. Um Begattungskästchen aus Kunststoff noch unter Kleinteilen einzuordnen, braucht es schon etwas Phantasie. Grundsätzlich haben Kunststoffe in naturgemäßer Bienenhaltung nichts zu suchen (siehe S. 27).

Leime sollen arm oder frei von Schadstoffen sein. Ebenso sind für den Außenanstrich meist natürliche und ökologisch unbedenkliche Farbstoffe wie Naturfarben auf Leinöl bzw. Holzölbasis vorgeschrieben. Die Begriffe Bio-, Öko- oder Naturfarbe reichen bei der Auswahl nicht aus, da diese Bezeichnungen nicht geschützt sind und keinen Rückschluss auf die Eignung im Bio-Bereich zulassen. Hinweise zur Giftigkeit und ökologischen Verträglichkeit geben die EU-Sicherheitsdatenblätter nach der EU-Richtlinie (91/155/EWG). Sollte man trotzdem unsicher sein, so können die Berater, Kontrollstellen und Verbände bei der Wahl weiterhelfen.

Für den Innenanstrich dürfen bei den Bio-Verbänden nur natürliche Stoffe wie Propolis, Wachs und Pflanzenöle verwendet werden. Auch wenn nur Demeter ausdrücklich darauf hinweist, sollte auch für die anderen Verbände gelten, dass Wachs und Propolis nur aus den für den jeweiligen Verband zugelassenen Betrieben stammen dürfen. Schließlich sind diese Materialien aufgrund ihrer fettlöslichen (lipophilen) Eigenschaften besonders rückstandsgefährdet und in der konventionellen Imkerei häufig hochbelastet. Der aufwendige Umstellungsprozess des Wachses als Voraussetzung der Zulassung als Biobetrieb würde sonst ad absurdum geführt.

Bio-Check: Beuten									
Bereich	**Vorschrift**	**EU**	**Verbände**						
			BK	**BL**	**DE**	**EL**	**NL**	**Gä**	**BA**	**BS**
Typ	Großraumbeute				X					
Material	Holz, Stroh oder Lehm			X		X	X	X	X	
	Keine Kontamination der Umwelt	X	X	X	X		X	X	X	X
	Hauptsächlich natürliche Materialien	X	X	X	X		X	X	X	X
	Ausschließlich natürliche Materialien (mit Ausnahmen)	X	X	X	X		X			
	Abstandshalter							X		
	Dachabdeckungen		X	X	X		X	X	X	
	Futtereinrichtungen		X	X		X	X	X	X	
	Gitterböden		X	X	X	X	X	X	X	
	Isolierungen					X	X	X		
	Kleinteile		X	X			X	X	X	
	Verbindungsteile				X	X	X		X	
Außenanstrich	Biozidfrei		X	X		X	X			
	Natürlich				X		X	X	X	
	Nicht synthetisch		X	X	X	X	X	X	X	
	Ökologisch unbedenklich				X		X[1]		X	
Innenanstrich	Ausschließlich natürliche Stoffe	X	X	X	X		X	X		X
	Pflanzenöl		X	X		X	X	X		X
	Propolis		X	X	X	X	X	X	X	X
	Wachs		X	X	X	X	X	X	X	X
	Stoffe nur aus eigenem Verband				X					
Leim	Schadstoffarm					X	X	X	X	
	Schadstofffrei		X	X						

[1] Vorhandene unbedenkliche Anstriche können nach Genehmigung weiter verwendet werden.
EU = EU-Ökoverordnung / BK = Biokreis / BL= Bioland / DE= Demeter / EL= Ecoland / NL= Naturland / Gä= Gäa /
BA = Bio Austria / BS= Bio Suisse
(Vorstellung der Verbände auf Seite 156)

Wachs und Waben

Den Bienenkästen und die Rähmchen stellt der Imker den Bienen zur
Verfügung. Die Waben bauen sie selbst und auch den Baustoff Wachs
stellen sie selber her. In den Wachszellen werden Nachkommen aufgezogen, Futter verarbeitet und gelagert. Auf den Waben wird kommuniziert,
Futter ausgetauscht und die Temperatur reguliert.

Die Waben im Wildvolk

Ohne Frage stellt der Wabenbau, insbesondere im Brutraum, das Herz-
stück des Bienenvolks dar. Doch auch in diesem besonders empfindlichen
Bereich beeinflusst und verändert der Mensch das Geschehen. Auch hier
muss man prüfen, inwieweit man die Bienen naturgemäß hält.

Auslöser der Bautätigkeit

Die Bienen beginnen mit dem Bau der Waben schon kurz nach dem
Einzug des Schwarms in die neue Nesthöhle. Auslöser sind die von der
Königin abgegebenen Pheromone und eingetragener Nektar. In wenigen
Tagen kommen so 20.000 Zellen zusammen. Bis zum Ende der Saison
kann die Zahl auf 100.000 ansteigen.

   Waben werden nur gebaut, wenn sie wirklich gebraucht werden,
denn der Energieaufwand ist groß. Es überrascht daher nicht, dass die
Bautätigkeit durch eingetragenen Nektar und der Möglichkeit, diesen
einzulagern, gesteuert wird. Sobald nur noch 20 % Lagerfläche frei sind,
beginnen die Bienen mit der Vorbereitung. Richtig los geht es, wenn fast
alles restlos gefüllt ist. Solange Nektar fließt, kennt der Bauboom keine
Grenzen, mit Ausnahme des Volumens der Nesthöhle natürlich. Auch das
Gegenteil ist möglich, sobald viele Zellen leer sind, setzt bei entsprechendem Angebot eifriges Nektarsammeln ein oder der Baustopp hält an.

Das Baumaterial Wachs

Das Wachs stellen die Bienen selbst her. An der Bauchseite des Hinterleibes besitzen sie Drüsen, mit denen sie es im Alter von etwa 12 bis 18
Tagen produzieren. Der Arbeits- und Energieaufwand ist enorm, denn für
eine Wabe im Zandermaß müssen über 100.000 dieser Wachsplättchen
„ausgeschwitzt" werden. Das sind über 80 Gramm Wachs. Hierfür verbrauchen die Bienen ein Kilogramm Honig.

Der Baubeginn

Die einzelnen Wachsplättchen werden von den Bienen mit den Mandibeln geknetet und geformt. Das dabei abgegebene Sekret macht das
Wachs geschmeidig und biegsam. Zunächst werden die Wachsklümpchen
ziemlich unregelmäßig an der Höhlendecke platziert. Doch nach und
nach entstehen Wülste. Sie geben die Ausrichtung der neuen Waben an.
Dass sich die Bienen dabei nach dem Magnetfeld richten, wissen wir seit
den Versuchen der Arbeitsgruppe von Martin Lindauer. In einer
Schwarmkiste kann man durch die Eisenringe das Magnetfeld ablenken,
sodass die Bienen die Waben im Kreis bauen. Man geht davon aus, dass
alle in einem Nest geschlüpften Bienen gleich ausgerichtete Magnetsin-

neszellen besitzen (siehe S. 18). Ein Schwarm aus einem Wildvolk baut daher die Waben in einem neuen Nest in der gleichen Richtung aus.

Die Bautraube

Ist erstmal der Anfang gemacht, bilden die Bienen eine Bautraube. Von der angefangenen Wabe bis zur Wand der Höhle stellen sie lange Ketten her, in dem sie ihre Körper ineinander verhaken (siehe Tafel 3/Bild 3). Über dieses Gerüst wird der Baustoff transportiert. So entsteht langsam eine Wabe mit nach beiden Seiten ausgerichteten Zellen. Die geneigten Zellen fallen nach hinten zum Boden ab, so kann selbst dünnflüssiger Nektar nicht ausfließen. Ihre Sechseckform gewährleistet maximales Füllvolumen bei extrem hoher Stabilität und minimalen Wachsverbrauch. Nur 100 Gramm in einer Wabe verbautes Wachs kann ungefähr die 30-fache Menge an Honig aufnehmen.

Die sechseckige Zelle

Beim Bau der Zellen wird überall ein Winkel von exakt 120 Grad eingehalten, weshalb die Honigbienen als wahre Meister der Geometrie und Baukunst gelten. Untersuchungen von Jürgen Tautz zeigen, dass Bienen zunächst wie Wespen runde Zylinder bauen, deren dünne Wände aneinander stoßen. Während die Papierwände der Wespen eher unregelmäßige Sechsecke bilden, sind die Wachswände von Bienen geometrisch einwandfrei. Das Ganze wird durch physikalische Vorgänge gesteuert. Wachs besteht aus geordneten (kristallinen) und ungeordneten (amorphen) Bestandteilen. Je nach Höhe der Temperatur verschieben sich diese gegenseitig und das Wachs verändert seine Plastizität. Sobald die Bienen beim Bauen die Zellen auf 40 °C erwärmen, beginnt das Wachs zwischen den sehr dünnen Wänden zu fließen. Durch die mechanische Spannung werden sie so, wie bei Seifenblasen an den Berührungsflächen, absolut eben. Da am Zellboden ähnliche Vorgänge ablaufen, entstehen nach und nach Wabenabschnitte mit in sich exakt sechseckigen Zellformen.

Die zunächst rund gebauten Zellen fließen zu flachen Wänden in sechseckiger Form zusammen, sobald das Wachs von den Bienen erwärmt wird

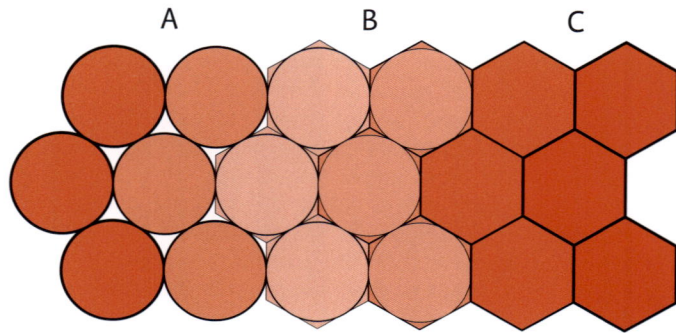

Die Größe der Zelle

Eine zunächst runde Wachszelle entsteht, indem die am Boden stehende Biene um sich herum die Wände hochzieht. Damit werden Umfang und Höhe der Zelle wesentlich von der Größe der Biene bestimmt. Allerdings werden neben den kleinen Zellen für die Arbeiterbrut und Vorräte auch große Zellen für die Aufzucht von Drohnen gebaut.

Die Zellen variieren bei den verschiedenen Bienenrassen deutlich (siehe Tabelle S. 40). Die in Afrika beheimateten Bienenrassen bauen im Durchschnitt deutlich kleinere Zellen als die in Europa. Das gilt auch für die afrikanisierte Biene in Amerika, eine Kreuzung aus europäischer und afrikanischer Biene. Die bei uns ursprünglich verbreitete Mellifera oder Dunkle Biene baut dagegen ähnlich große Zellen wie die Carnica. Nach Seeley bauen auch längere Zeit wild gehaltene Völker der *Apis mellifera* überwiegend Arbeiterinnenzellen mit einem Durchmesser von 5,2 Millimeter.

Die in größeren Zellen herangewachsenen Bienen halten diese Zellgröße auch bei späteren Wildbauten bei. Manche Veröffentlichung über Bienenrassen und die von ihnen gebauten Zellgrößen berücksichtigen diese Vorgeschichte nicht. Was nicht heißt, dass Bienen von verschiedener geografischer Herkunft und Rasse nicht auch Zellen von unterschiedlicher Größe bauen. Nach Ruttner gehört die Größe der Biene zu den wichtigsten Unterscheidungsmerkmalen der Bienenrassen. Mit der Größe verschieben sich zum Beispiel die Proportionen bis hin zur Rüssellänge.

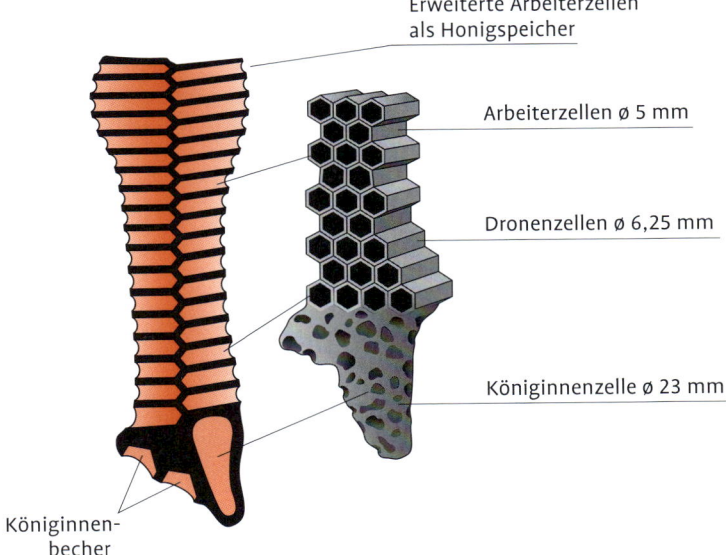

Erweiterte Arbeiterzellen als Honigspeicher

Arbeiterzellen ø 5 mm

Dronenzellen ø 6,25 mm

Königinnenzelle ø 23 mm

Königinnenbecher

Neben Arbeiter- und Drohnenzellen werden bei Schwarmstimmung Königinnenbecher (Weiselbecher) bzw. Königinnenzellen (Weiselzellen) gebaut. Wenn in Arbeiterzellen ausschließlich Honig gelagert werden soll, verlängern die Bienen diese Zellen.

Durchschnittlicher Zelldurchmesser verschiedener Rassen		
Bienenrasse	Vorkommen	Durchschnittlicher Zelldurchmesser (Millimeter)
Carnica	Europa	5,5
Mellifera	Europa	5,4
Ligustica	Europa	5,3
Afrikanisiert	Südamerika	5,0
Adansonii	Afrika	4,8
(Verändert nach Mark Winston und Friedrich Ruttner)		

Die Zellgrößen variieren

Doch auch ohne äußeren Einfluss verändert sich die Zellgröße. Mit jeder geschlüpften Biene bleibt in der Zelle das Kokonhäutchen zurück. Nach zehn geschlüpften Bienen ist die Zelle um 0,1 bis 0,2 Millimeter enger. Im Laufe der Jahre nehmen daher Größe und Gewicht der schlüpfenden Bienen drastisch ab: Nach 38-maligem Bebrüten nahm eine 5,5 Millimeter große Zelle auf 5,0 und das Gewicht der Bienen von 125 auf 107 Milligramm ab. Dies kann sich ungünstig auf Widerstandkraft und Lebensdauer der Bienen auswirken, auch wenn dies immer wieder bezweifelt wird.

Im Wildvolk variieren die Zellgrößen auf derselben Wabe viel mehr als bisher angenommen. Jeder, der Naturbau einsetzt oder damit experimentiert, hat dies bereits beobachtet. Die Zellbreiten reichen von 4,9 bis 5,4 Millimeter. Mit zunehmender Wabenhöhe entstehen vermehrt kleinzellige Areale. Im Brutbereich findet man meist große, bis zu 5,4 Millimeter breite Zellen. Ebenso ändert sich auch die Anordnung der Zellen. Vertikale und horizontale sind gleich häufig, geneigte eher selten. Diese Zellanordnung ergibt sich wohl zufällig aus den von den Bienen zunächst rund angelegten Zellen (siehe S. 41).

Gleichsam unkritisch erscheint die Zelltiefe. Ist eine Zelle ausschließlich für die Honiglagerung vorgesehen, so wird sie oft soweit verlängert, bis nur noch eine Biene zwischen die beiden Waben passt. Bei Brutwaben müssen in die Wabengasse immer zwei Bienen übereinander passen, um die Brutzellen auf beiden Seiten zu versorgen und zu wärmen. Dadurch variiert der Wabenabstand stark. Einen Abstand der Waben von 32 Milli-

So wird's gemacht!

Zellgröße bestimmen

Auf einer Wabe kann dies auf verschiedene Weise geschehen:

- Länge der Strecke von zehn Zellen jeweils zwischen den äußeren Begrenzungswänden messen

- Bei Naturwabenbau an verschiedenen Stellen des Brutbereichs messen

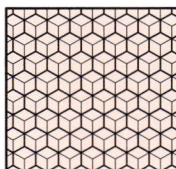 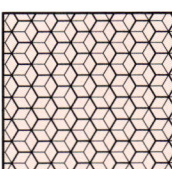 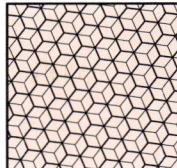 

Am häufigsten ordnen sich die Zellen auf der Wabe vertikal und horizontal an (links). Die schiefe und rosettenförmige Anordnung (rechts) ist dagegen eher selten.

metern findet man im Wabenbau eines Wildvolkes nur im Bereich der ersten sieben bis acht Waben. Weiter außen können die Abstände unterschiedlich sein. Manchmal werden dort Waben sogar zusammengebaut.

Wabenhygiene im Wildvolk

Ständig sind Arbeitsbienen damit beschäftigt, alle Bereiche des Innenraums zu reinigen und zur Desinfektion mit Propolis (Kittharz) zu überziehen. Im natürlichen Nest werden die Bienen eines gesunden Volkes immer alle Waben kontrollieren, Krankheitserreger entfernen und Feinde beseitigen. Alles was stört oder nicht hinausgetragen werden kann, wird mit Propolis überzogen. Auch die Innenwände der Nesthöhle werden so überzogen. Damit ist alles dauerhaft konserviert und stellt keine Infektionsgefahr mehr dar.

Brutwaben können mit Krankheitserregern wie Nosema-, Kalkbrut- und Faulbrutsporen belastet sein und durch häufige Bebrütung enge Zellen aufweisen. Für die Aufzucht von gesunder Brut ist eine stetige Wabenerneuerung unerlässlich. So werden auch im natürlichen Nest von Zeit zu Zeit Waben erneuert. Immer wenn ein Volk geschwärmt hat und nicht mehr alle Waben besetzt sind, werden die überschüssigen, nicht mehr von Bienen kontrollierten Waben zerstört. Dabei geht vor allem die große Wachsmotte, *Galleria melonella*, sehr gezielt vor. Sie zerstört vornehmlich die alten dunklen, mehrfach bebrüteten Waben (siehe Tafel 4/Bild 1). So werden in einem nun verkleinerten Volk nicht nur die Altwaben entfernt, sondern auch das Volumen des Nestes wird eingeschränkt. Das günstigere Verhältnis von Bienenzahl und Nestvolumen erleichtert es den Bienen, den Wabenbau zu erneuern und die Hygiene im Nest wieder herzustellen.

Gut zu wissen
Das Zerstörungswerk der Wachsmotten ist ein aktiver Beitrag zum Überleben des wilden Bienenvolks. Die Wachsmotten haben damit eine wichtige Aufgabe und müssen zumindest im Wildvolk als Nützlinge betrachtet werden.

Die Waben in der Bienenbeute

Die meisten Bienenbeuten bestehen aus Brut- und Honigraum. In beiden sind die Waben äußerlich nahezu gleich, erfüllen aber jeweils ganz unterschiedliche Aufgaben. Im Brutraum wird vorwiegend Brut aufgezogen, aber auch Pollen und Honig gelagert (siehe Tafel 3/Bild 4). Der Brutraum dient als Kommunikations- und innerer Lebensraum des Bienenvolks. Im Honigraum werden dagegen ausschließlich Nektar und Honigtau zu Honig verarbeitet und gelagert.

Die Waben des Brutraums entscheiden über die aufgezogene Brut und die des Honigraums über die Qualität des geernteten Honigs. Besonders hinsichtlich möglicher Rückstände unterscheiden sich beide Räume. Als besonders heikel gilt dabei der Baustoff, das Bienenwachs. Durch seine chemischen Eigenschaften können sich darin fettlösliche Substanzen anreichern. Da vor allem die synthetischen Medikamente, aber auch nahezu alle Pestizide ebenso diese Eigenschaft besitzen, ist auf Rückstände im Wachs besonders zu achten. Dies ist ein besonderes Problem bei den häufig aus Altwachs hergestellten Mittelwänden.

In einer naturgemäßen Imkerei stellt sich so die Frage, ob man nicht die Waben von den Bienen als Naturbau selbst errichten lässt. Wegen der unterschiedlichen Funktion und Bedeutung von Brut- und Honigraum, aber auch wegen des höheren Futterverbrauchs muss man sich entscheiden, ob man in beiden Räumen oder nur in einem Naturwabenbau verwendet oder ganz bei Mittelwänden bleibt.

Die Mittelwände

Am häufigsten werden in der Imkerei gegossene, gepresste oder gewalzte Wachsscheiben zum Wabenbau eingesetzt. Darin sind die sechseckigen Zellböden vorgegeben (siehe Tafel 4/Bild 2). Auf dieser können die Bienen relativ rasch und mit wenig Aufwand die Zellwände hochziehen. Dabei verwenden die Bienen sowohl selbst produziertes, als auch das Wachs der Mittelwand. Die Mittelwände lassen sich einfach auf das entsprechende Rähmchenmaß zuschneiden und mit elektrischem Strom in die im Rahmen gespannten Drähte einlöten. Derartig vorbereitete Waben sind stabiler als Naturwaben, besonders beim Ausschleudern des Honigs.

Um Wabenbruch beim Schleudern gänzlich auszuschließen, könnte mancher mit den in Nordamerika weit verbreiteten Mittelwänden oder gar Vollwaben aus Kunststoff liebäugeln. Da es sich bei diesen „Alternativen" aber nicht um natürliche Stoffe handelt, die zudem in der Herstellung ökologisch sehr heikel sind, schließen sie sich in einer naturnahen Imkerei von selbst aus (siehe S. 27). Zu dem dient die Wabe den Bienen bei der Kommunikation, insbesondere beim Tanz, als Resonanzkörper und Veränderungen der Schwingungseigenschaften führen zu Missweisungen. Somit kommt für eine artgerechte Haltung nur der natürliche Baustoff „Bienenwachs" infrage.

Vorgegebene Zellgröße

Wegen der auf der Mittelwand vorgeprägten Zellböden haben alle Zellen der Wabe den gleichen Durchmesser. Die heute in Mittelwänden meistens verwendete Zellgröße der Arbeiterzellen von 5,4 bis 5,6 Millimeter wurde bereits im 19. Jahrhundert ermittelt. Ein Vergleich der damals in verschiedenen Untersuchungen gefundenen Werte ist schwierig, da man teilweise andere national übliche Maßeinheiten bei der Berechnung zugrunde legte. Bereits damals hatte man erkannt, dass sich mit der Zellgröße auch die Größe der sich darin entwickelnden Biene verändert.

Besonders die Überlegungen und Untersuchungen des Belgiers M. Baudoux hatten lange Zeit wesentlichen Einfluss auf die in Mittelwänden vorgegebene Zellgröße. Allerdings trieb er es mit Zellgrößen von 5,75 Millimeter auf die Spitze, denn bei 5,84 Millimetern wäre sowieso Schluss gewesen. Er vertrat die Meinung, dass größere Bienen bessere Sammelbienen seien, weil sie einen längeren Rüssel hätten und im größeren Honigmagen mehr Nektar transportieren könnten. Allerdings nimmt die Größe aller Organe nicht im gleichen Maße zu wie die Körpergröße. Auch wenn die Sammelleistung des Einzeltiers zunimmt, ist wegen der geringeren Volksstärke und größeren Trägheit die Gesamtleistung des Volks nicht wesentlich größer.

Auch wenn mancher zu Recht oder zu Unrecht die ganze Diskussion um die Zellgröße für übertrieben hält, greift man durch Größenmanipulation ohne Zweifel tief in das natürliche Geschehen im Bienenvolk ein. Ob künstlich verkleinerte (siehe S. 39) oder vergrößerte Bienen die gleiche Widerstandskraft und Lebensdauer aufweisen, ist umstritten. Manches spricht dagegen. Zumindest wird man auch diesen Punkt kritisch beleuchten müssen, wenn man nach den Ursachen für geschwächte beziehungsweise auffällige Bienen sucht.

Der Naturwabenbau

Sollen die Bienen möglichst naturgemäß bauen, muss man ihnen die Konstruktion der Waben und Wahl der Zellgröße ganz oder teilweise selbst überlassen und sich für Naturwabenbau entscheiden. Zudem kann man so rückstandsfreies Wachs herstellen. Am einfachsten geht das, wenn man einen Schwarm in ein leere Beute einlogiert.

Normalerweise funktioniert das gut. Wenn aber Beuten bei der Wanderung verstellt oder Bienen aus verschiedenen Völkern zusammengegeben werden, enthält das Bienenvolk nun unterschiedlich in der magnetischen Ausrichtung vorgeprägte Bienen. Das Ergebnis kann ein sehr wirrer Wabenbau sein. In der Regel wird aber eine bestimmte Ausrichtung vorherrschen, denn nur einzelne Bienen oder Gruppen übernehmen die Anfangsarbeit und die anderen folgen diesen Vorgaben (siehe Tafel 3/Bild 2).

Holzrahmen alleine erkennen die Bienen dabei nicht als Bauvorgabe. Logiert man den Schwarm in eine mit Holzrähmchen versehene Beute ein, werden die Waben wie im ursprünglichen Nest gebaut. Es wäre reiner Zufall, wenn dies genau mit der Ausrichtung der Rähmchen übereinstimmen sollte. Anstelle des erwarteten mobilen Baus erhält man einen stabilen.

Richtungsweisende Bauhilfen

Um Ordnung in das Geschehen zu bekommen, muss man nicht gleich auf eine Mittelwand zurückgreifen. Es reicht, den Bienen mit einem Wachsstreifen vorzugaukeln, dass sich die Gemeinschaft bereits für eine Baurichtung entschieden hätte. Obwohl ihre Magnetfeldorientierung anders ausgerichtet ist, bauen nun alle in der vorgegebenen Richtung weiter. Ohne diese Bauhilfen wird man kaum eine Beute mit mobilen Rähmchen erhalten.

Über das Ergebnis werden trotzdem viele entsetzt sein: Statt des von Mittelwänden gewohnten gleichmäßigen Zellenbaus wechseln große mit kleinen Zellen, Arbeiterbrut- neben Drohnenbrutzellen, Bereiche mit horizontaler und vertikaler Anordnung, gerade mit eher etwas krummen Bereichen. Die Verhältnisse gleichen dem Bau im Wildvolk.

Zudem kann das Bauen abhängig von der Jahreszeit und je nach Stimmung und Trachtangebot sehr schleppend verlaufen. Manchmal wer-

So wird's gemacht!

Bauhilfen

Bauhilfen für Naturwabenbau können aus Mittelwänden oder aus mit Wachs beschichteten Holzstreifen bestehen.

- Schmale Streifen von einer Mittelwand abschneiden (mit der Breite erhöht sich die Stabilität der daran gebauten Wabe, die Vorteile eines Naturbaus werden aber geringer)

- Streifen in eine Nut am Oberträger einlöten oder schmale Holzstreifen an der Innenseite des Oberträgers befestigen
- Holzstreifen mit flüssigem Wachs bestreichen

In die in den Oberträger gefräste Nut kann ein Wachsstreifen aufgenommen werden (oben). Der unten spitz zulaufende, mit Wachs bestrichene Oberträger hilft den Bienen beim Bau der Naturwaben ohne Anfangsstreifen aus Wachs.

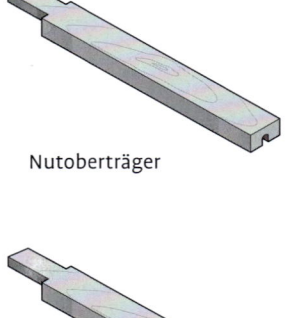

Nutoberträger

Profiloberträger

den die Waben unten oder seitlich nicht angebaut und dadurch zusätzlich instabil. Bei eingestelltem Bau und plötzlich einsetzender Tracht kann es zum Verhonigen des Brutnestes kommen. Spätestens bei diesem Anblick kehrt mancher reumütig zu Mittelwänden zurück und lässt das naturgemäße Imkern sein. Doch man kann sich das Ganze erleichtern und das Ergebnis verbessern, wenn man einige Grundregeln befolgt.

Umstellung auf Naturbau

Hat man sich für Naturwabenbau entschieden, so ist es am einfachsten, das gesamte Wabenwerk auf einmal umzustellen. Damit der in eine neue Beute einlogierte Schwarm die Waben in den Rähmchen einbaut, gibt man die vertikale Richtung durch senkrechtes Einloten der Beuten und die horizontale Richtung mit Wachsstreifen vor. Man kann diesen entweder in die senkrechte Verdrahtung des Rähmchens einlöten oder wenn keine Verdrahtung vorgesehen ist, in eine im Oberträger gefräste Nut befestigen. Bestens bewährt und immer wieder zu verwenden ist ein Profiloberträger oder eine am Oberträger befestigte schmale Holzleiste, die man mit verflüssigtem Wachs bestreicht.

Schwieriger fällt die Umstellung, wenn sie in Altvölkern wabenweise erfolgt. Hier werden besonders auf den äußeren Waben sehr viele Drohnenzellen gebaut. Ebenso kommt es immer wieder zu Mischbau mit Arbeiterinnen- und Drohnenzellen. Das richtet sich nach dem Bedarf des Volks an Drohnen. Ein frisch einlogierter Schwarm wird nur sehr wenig Drohnenbau angelegen. Ebenso ist diese Neigung im Frühjahr stärker ausgeprägt als später. Der Bau von größeren Zellen kann für die Bienen aber auch ökonomischer sein, da weniger Material benötigt wird.

Weniger Drohnenbau erhält man, wenn die Rähmchen in das Brutnest im Wechsel mit Mittelwänden oder Waben gehängt werden. Damit zerstört man aber die natürliche Ordnung im Brutnest, was die Thermoregulation erschwert und so einen unnötigen Stress für die Bienen darstellt. Man wird hier einen Kompromiss eingehen müssen und eventuell immer alle Waben im Brutraum auf einmal ersetzen müssen, wie es beim Schwarm und der vollständigen Brutentnahme zur Varroabekämpfung üblich ist (siehe S. 132).

Man könnte aber den Naturwabenbau auch auf den Honigraum begrenzen. Wenn es wie zum Beispiel in Halbzargen egal ist, welche Zellgröße die Bienen letztendlich anlegen, ist die Begrenzung sogar von Vorteil. Der Nachteil: Honigwaben aus Naturbau sind weniger stabil, was sich bei der Durchschau der Völker und dem Kippen der Waben und erst recht beim Schleudern bemerkbar macht. Hier kann man die Stabilität erhöhen, wenn die Waben auf gedrahteten Rähmchen gebaut werden (siehe Tafel 4/Bild 3). Will man auf Metall im Nestbereich verzichten, können dünne Rundhölzer oder Holzleisten als Stabilisatoren verwendet werden (siehe Tafel 5/Bild 1).

Mancher fragt sich, wozu der ganze Aufwand gut sein soll, wenn man als Ergebnis ungleichmäßiges, instabiles und häufig aus Drohnenzellen bestehendes Wabenwerk erhält. Doch die Vorteile wiegen in einer naturgemäßen Imkerei schwerer. Ganz oben stehen die deutlich verminderten Rückstände im Wachs. Scheibenhonig kann so ohne Bedenken angeboten und gegessen werden.

Brut wächst in einer eher rückstandsfreien Umgebung auf. Man erhält garantiert unverfälschtes Wachs ohne irgendwelche Zusätze. Die Größe der Zellen entspricht ebenso wie das Verhältnis von Arbeiterinnen und Drohnenzellen den Vorlieben der Bienen. Ein Wehrmutstropfen: Im Naturvolk bestehen rund 16 % des Wabenbaus aus Drohnenzellen. Dies ist auch im Naturbau so – und im Sinne einer naturgemäßen Imkerei sollte man das in Kauf nehmen.

Vor- und Nachteile von Mittelwand und Naturwaben		
	Mittelwand	Naturwaben
Kosten	Hoch	Gering
Honigertrag	Höher	Geringer
Drohnenbau	Auf Baurahmen begrenzt	Entsprechend dem Bedürfnis
Stabilität	Hoch	Gering (ohne Drahtung)
Bauaktivität	Weniger abhängig vom Bautrieb	Stark abhängig von Bautrieb
Rückstände	Hoch bzw. gefährdet	Gering
Verfälschung des Wachses	Möglich	Keine
Drohnenfangwaben	Wirksam	Unwirksam (bzw. Drohnenbrut auf Waben zerstören)

Vorratswaben

Imker legen Wabenlager an, wenn sie zum Saisonende entnommene Waben aus dem Honig- oder Brutraum wieder verwenden wollen. Hierfür eignen sich leere Magazinbeuten, aber auch Wabenschränke. Das früher übliche freie Aufhängen von Waben im oder vor dem Bienenhaus ist nicht erlaubt und kann mit Bußgeld geahndet werden. Die Gefahr ist zu groß, auf diesem Weg Seuchen wie die Amerikanische Faulbrut zu verbreiten.

Die meisten Vorratswaben werden wieder für die Honiggewinnung eingesetzt. Man darf sie daher nur in einer Umgebung frei von Fremdgerüchen und Rückstandsbelastungen lagern. Weiterhin müssen die Behälter mottensicher sein, da sonst die Larven der Wachsmotten innerhalb kurzer Zeit alle Waben zerstören können.

Die Larve der Großen Wachsmotte *Galleria mellonella* ernährt sich vornehmlich von Larvenhäutchen der Bienenbrut. Es ist daher ratsam, bebrütete und unbebrütete Waben getrennt voneinander zu lagern. Eine Bekämpfung mit Schwefel ist nach wenigen Tagen zu wiederholen, da die Motteneier diese überleben. Schwefel ist wegen der Rückstände bedenklich. Dagegen wirkt die im Handel erhältliche *Bacillus thuringiensis*-Lösung länger und ist zudem für Bienen völlig unschädlich.

So wird's gemacht!

Waben lagern

- Waben gegen das Eindringen der nachtaktiven Falter in sicheren Behältnissen lagern
- Bebrütete und unbebrütete Waben getrennt lagern
- Möglichst kühl lagern, um die Entwicklung der Wachsmotten zu verzögern
- Ständiger Luftzug verhindert den Zuflug und die Entwicklung der Falter

Wachsmotten bekämpfen

Schwefel
Vorteile: Kostengünstig und geringer Zeitaufwand
Nachteile: Gesundheitsschädlich für den Anwender, Mehrfachbehandlung und

Lüften der Waben vor Wiederverwendung notwendig. In Bio-Imkerei nicht zugelassen

Bacillus thuringiensis
Vorteile: Langanhaltende Wirkung, im Volk anwendbar und für Anwender unbedenklich

Nachteile: Höhere Kosten und zeitaufwendiges Einsprühen

Luftzug
Vorteile: Zeitsparend, rückstandsfrei

Nachteile: Kosten bei Ventilatoren

Frost, Kälte
Vorteile: Zeitsparend, rückstandsfrei
Nachteile: Kosten bei Tiefkühltruhe bzw.

Klimaabhängigkeit bei Lagerung im Freien

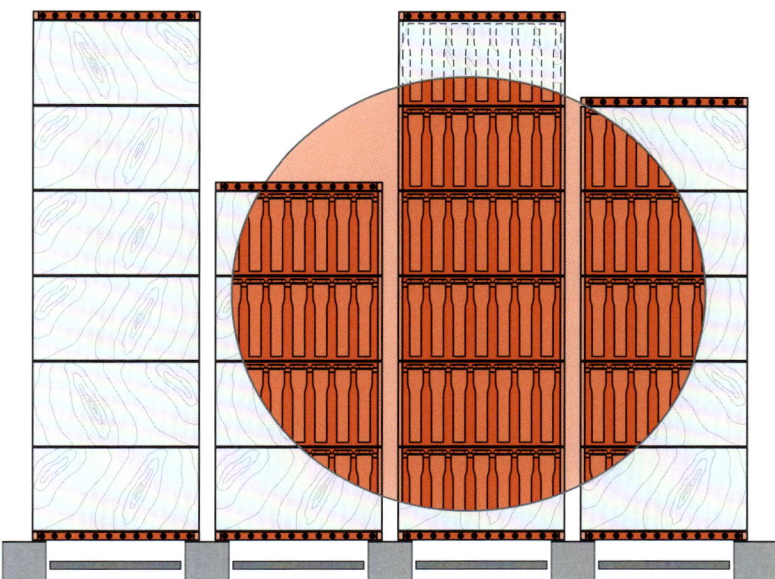

In Magazinstapeln mit Lüftungsgittern oben und unten lagern die Vorratswaben mottensicher (aus DLV-Schulungsmappe: Grundwissen für Imker).

Weil man bei einer naturgemäßen Bienenhaltung möglichst auf chemische Mittel und den Einsatz von Bakterien verzichten sollte, kann man die Mottenvermehrung auch durch einen ständigen Luftzug unterbinden. Diesen schafft man zum Beispiel durch einen Kamineffekt in einem mit Gittern abgeschlossenen Zargenturm. Die ständige Belüftung mit elektrischen Ventilatoren ist dagegen aus energetischen Gründen abzulehnen.

Waben erneuern

Waben aus dem Brutraum sollen nur eine begrenzte Zeit verwendet werden. In häufig bebrüteten Waben sind die Zellen klein (siehe S. 41). Sie haben Gerüche angenommen und sind mit Keimen, aber auch Schadstoffen aus der Behandlung von Krankheiten belastet. Da dies alles die Honigqualität beeinflussen kann, werden im Honigraum nur unbebrütete Waben, Mittelwände und Naturwaben geduldet.

Aber auch bei Waben aus dem Honigraum ist immer besondere Vorsicht geboten, wenn Landwirtschaft mit vermehrtem Einsatz von Pestiziden im Flugkreis betrieben wird. Bienen tragen diese vornehmlich mit Nektar und Honigtau ein. Pollen, Propolis und Wasser können ebenfalls belastet sein. Bei der Verarbeitung gelangen sie in alle Bereiche des Nestes und bei der Lagerung in den Honigraum. In jeder Imkerei müssen daher von Zeit zu Zeit alte Waben ersetzt werden.

Der Wachskreislauf

Wenn man zur Erneuerung der Waben Mittelwände verwendet, wird man um einen Wachskreislauf nicht herumkommen. Wenn Wachs aus

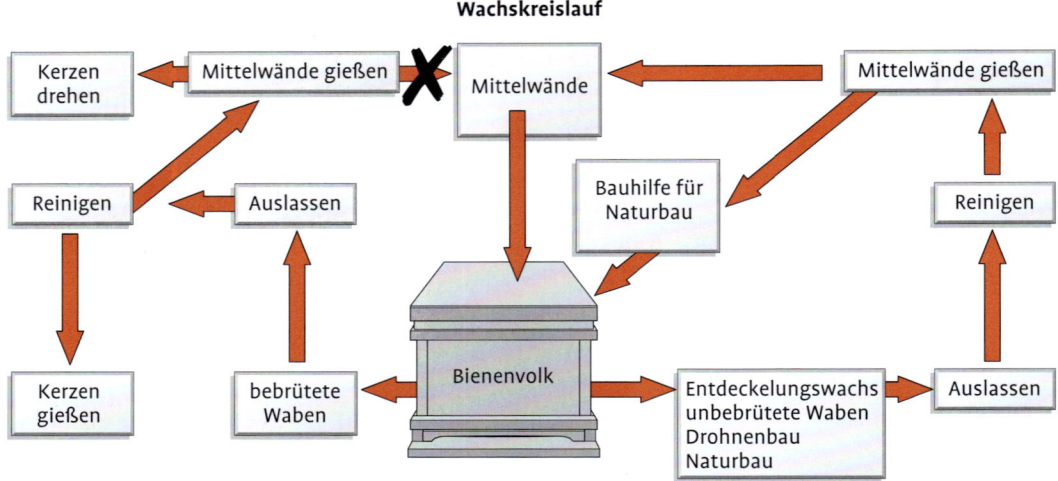

Wachskreislauf

Ablauf im eigenen Wachskreislauf: Nur angebrütete Waben sowie Drohnen- und Naturbau werden für Mittelwände und Wachsstreifen (Bauhilfen) verwendet.

alten Waben in den Kreislauf gelangt, reichern sich dort zunehmend Rückstände von Pestiziden und Varroaziden an. Von einem geschlossenen Wachskreislauf, in dem man immer wieder dasselbe Wachs verwendet, ist abzuraten. Besser ist ein offenes System. Dabei wird möglichst alles, mindestens aber ein Drittel bis zur Hälfte des alten Wachses jedes Jahr aus dem Kreislauf genommen und daraus beispielsweise Kerzen gefertigt. Neues, sauberes Wachs für die Mittelwände gewinnt man beim Entdeckeln der Honigwaben und Ausschneiden des Baurahmens bei der Drohnenbrutentnahme.

In einer kleinen Imkerei wird man die Waben zur Wachsverarbeitung abgeben und gegen neue Mittelwände eintauschen. Diese müssen als frei von Seuchen und Schadstoffen zertifiziert sein. Man kann sich auch mit mehreren Imkern zu einer „Wachsgemeinschaft" zusammenschließen. Dann steht ebenfalls das gegenseitige Vertrauen im Vordergrund.

In mittleren und größeren Betrieben entscheidet man sich für die eigene Wachsverarbeitung.

Schmelzen und Desinfizieren

Viele Altwaben fallen bei der Einwinterung an. Einzelne alte Waben können ausgetauscht werden oder bei Kleinraumbeuten die unterste Zarge mit den ältesten Waben komplett ausgeschieden werden (siehe S. 33). Ebenso werden bei der Auswinterung der Völker im Frühjahr schimmelige oder verkotete Waben entfernt. Die Bienen könnten diese zwar auch reinigen, sie werden dann aber unnötig mit Keimen belastet und von anderen wichtigen Hygienearbeiten abgehalten.

Aus im Winter an Nosemose eingegangenen Völkern müssen auch äußerlich saubere und noch helle Waben desinfiziert werden. Bei der heute nahezu überall verbreiteten tropischen Art *Nosema ceranae* reicht ein kurzzeitiges Durchfrieren aus.

Gut zu wissen

In allen Fällen sollte das Wachs regelmäßig auf Schadstoffe analysiert werden. Man kann seine Betriebsweise aber auch ganz oder teilweise auf Naturwabenbau umstellen. Niemals sollte man gebrauchte Waben zukaufen! Zu groß ist die Gefahr, sich auf diese Weise Seuchen wie die Amerikanische Faulbrut auf den Stand zu holen.

Waben aus an der Varroose eingegangenen Völkern sind meist auch mit Viren kontaminiert. Hier ist wie bei Kalk- und Sackbrut eine Desinfektion mit 60 %iger Essigsäure anzuraten. Bei aus Schwäche oder Weisellosigkeit eingegangenen Völkern ist dies zur Vorbeugung ebenfalls zu empfehlen.

EU-Ökoverordnung

Das im Bio-Betrieb verwendete Wachs muss aus dem eigenen Betrieb oder aus anderen ökologisch wirtschaftenden Betrieben stammen. Ausnahmen sind nur in der Umstellungsphase und bei einer Betriebsvergrößerung möglich, wenn nachweislich kein Öko-Wachs auf dem Markt erhältlich ist. Das ist heute aber kaum noch der Fall. Aber auch dann darf nur auf konventionelles Wachs zurückgegriffen werden, wenn es sich um Entdeckelungswachs handelt und das Wachs keine nachgewiesenen Rückstände von in der Öko-Produktion nicht zugelassenen Stoffen enthält, wobei unter dem Begriff „Öko-Produktion" nicht nur die Bienenhaltung gemeint ist. Vielmehr dürfen alle in der ökologischen Tier- und Pflanzenproduktion nicht zugelassenen Mittel nicht als Rückstände auftreten. Im laufenden „Öko-Betrieb" sind besondere Überprüfungen des Wachses nicht mehr vorgesehen. Hier geht die EU-Ökoverordnung davon aus, dass bei Einhaltung aller Bestimmungen wie Standort und Varroabehandlung keine Rückstände in das Wachs gelangen können.

Auch in der Bio-Imkerei müssen zur Vorbeugung, aber auch zur Abwehr von Krankheiten, Waben und Beuten desinfiziert werden. Zur Wabenhygiene dürfen im Bio-Betrieb Essigsäure und *Bacillus thuringiensis*-Präparate ebenso wie thermische Verfahren zum Beispiel Einfrieren verwendet werden.

Bio-Verbände

Die meisten Bio-Verbände schreiben vor, dass nur rückstandsfreies oder entsprechend zertifiziertes Wachs zugekauft werden darf. Zusätze im Wachs wie Lösungs- und Bleichmittel sind in der Bio-Imkerei verboten. Die Verarbeitungsgeräte müssen aus nicht oxidierenden Materialien bestehen.

Auch die Verbände gehen in ihren Richtlinien im Wesentlichen davon aus, dass es bei Einhaltung der Bestimmungen zu keinen unzulässigen Rückständen im Wachs kommen kann. Lediglich der Bioland-Verband weist darauf hin, dass im Wachs keine Rückstände von Mitteln sein dürfen, die bei der Varroa- und Wachsmottenbekämpfung verwendet werden. Vor dem Hintergrund, dass Wachs ein Spiegelbild der Belastung unserer Umwelt mit Chemikalien ist, wird weder dieser Hinweis bei Bioland noch das Fehlen einer späteren Überprüfung allein dem Anspruch „Öko" gerecht. Hier sollte man die Messlatte genauso hoch hängen, wie es die EU-Ökoverordnung bei der Verwendung von konventionellem Wachs im Umstellungsbetrieb bzw. bei der Betriebserweiterung vorsieht – nämlich, dass keine Rückstände von in der Öko-Produktion nicht zugelassenen Stoffen nachgewiesen werden dürfen! Nicht in allen Richtlinien der Ökoverbände wird zwischen dem Wachs in der Umstellungs- bzw. Erweiterungsphase des Betriebes und dem normalgebräuchlichen Wachs klar unterschieden. Bei einer Betriebserweiterung sollte für den vorausplanenden Öko-Imker keinesfalls ein Zukauf von konventionellem Wachs infrage kommen. Er hat schließlich die Möglichkeit, entsprechende Wachsmengen selbst zu produzieren.

Während die EU-Ökoverordnung keine Aussagen darüber macht, wie rückstandsfreies Wachs gewonnen werden kann, wird dies in den Verordnungen der Ökoverbände weiter präzisiert. Dafür kommt neben Entdeckelungswachs vor allem die Gewinnung aus Naturwaben infrage. Da für Naturwaben keine Mittelwände und höchstens Anfangsstreifen als Bauhilfe verwendet werden dürfen und Deckelwachs immer frisch von den Bienen produziert wird, bieten diese beiden Wachsquellen tatsächlich die höchste Gewähr für Rückstandsfreiheit. Darüber hinaus kommt der Naturwabenbau den natürlichen Vorgängen im Bienenvolk am nächsten, da die Bienen ohne eine Vorgabe über die Zellgröße der Waben entscheiden können. Wachs aus echtem Naturwabenbau liefern bei einem ganzjährigen Varroabekämpfungskonzept auch die ausgeschnittenen Drohnenbrutwaben aus dem Baurahmen. Damit steht immer genügend Wachs für den Wachskreislauf

zur Verfügung. Grundsätzlich ist mit den Einschränkungen auf Entdeckelungswachs und Naturwabenbau auch ohne besondere Rückstandsprüfung am ehesten die Unbedenklichkeit des Wachses gewährleistet.

Bei Bioland „soll der Imker dem Volk die Möglichkeit zum Bau einiger Waben als Naturwabenbau geben". Dieser eher unpräzisen Aussage steht die eindeutige Forderung des Naturwabenbaus in der Demeter-Imkerei gegenüber. Allerdings erlaubt Demeter die Verwendung von Mittelwänden im Honigraum, ein sicher wegen der Wabenstabilität beim Ausschleudern eingegangener Kompromiss.

Bei der Wabenhygiene geben die Bio-Verbände physikalischen Verfahren und Bacillus thuringiensis-Präparaten den Vorzug. Die Anwendung von Schwefel schließen fast alle Ökoverbände aus, denn die Gefahr der Überschwefelung ist zu groß. Dies gilt umso mehr, wenn bei nicht falterdichter Lagerung der Waben wiederholt geschwefelt wird. Für empfindliche Konsumenten sind die Rückstände unangenehm, wenn nicht sogar schädlich.

Bio-Check: Wachs und Waben

Bereich	Vorschrift	EU	Verbände							
			BK	BL	DE	EL	NL	Gä	BA	BS
Wachs für Mittelwände und Anfangs- streifen	Aus eigenem und ökologischen Betrieben	X	X[1]	X[1]	X[1]	X	X[1]	X[2]	X	X
	Nur aus eigenem Verband			X[1]	X[1]		X[1]			
	Konventionelles Deckelwachs	X[3]					X[4]			
	Konventionelle Naturwaben						X[4]			
	Konventionell nachweislich Rückstands- frei	X[3]							X[3]	X[3]
	Frei von Chemotherapeutika			X			X	X		
	Nicht oxidierende Materialien		X	X	X	X	X	X		
	Keine Lösungs- oder Bleichmittel		X	X	X	X	X	X	X	
	Kein Kunststoff		X	X	X[5]		X	X	X	
Naturwaben- bau	Ziel		X					X		
	Möglichst mehrere Waben		X	X			X			
	Möglichst im Brutraum									
	10 % im Brutraum								X	
	Alle Waben im Brutraum					X				
	Möglichst im Honigraum					X				
	Anfangsstreifen erlaubt		X	X	X					
Lagerung	Thermische Verfahren	X	X	X			X	X	X	
	Essigsäure	X	X	X	X		X	X	X	X
	BT-Präparate	X	X	X	X		X	X	X	X
	Schwefel								X	X

[1] nur aus Entdeckelungswachs und Naturwabenbau
[2] nur Naturwabenbau
[3] nur bei neuen Anlagen und in der Umstellung, wenn kein Wachs aus Öko-Betrieb erhältlich ist
[4] nur rückstandfreies Wachs, wenn kein anderes Wachs aus Öko-Betrieb erhältlich
[5] ergibt sich aus dem generellen Verbot
EU = EU-Ökoverordnung / BK = Biokreis / BL= Bioland / DE= Demeter / EL= Ecoland / NL= Naturland / Gä= Gäa /
BA = Bio Austria / BS= Bio Suisse
(Vorstellung der Verbände auf Seite 156)

Einengen und Erweitern

Die Anpassung des Raumangebots an die Volkstärke ist wesentlich für Hygiene und Entwicklung und damit für die Gesundheit eines Bienenvolks. Das Nest wird vom Imker eingeengt oder erweitert, indem die Zahl der Waben oder häufiger der Räume verändert wird. Diese Arbeit erfordert viel Erfahrung und Fingerspitzengefühl. Wenn man die Vorgänge im Wildvolk nicht kennt, kann man in der Imkerei nicht naturgemäß vorgehen.

Veränderungen des Nestbaus im Wildvolk

In seiner Gesamtheit stellt der Wabenbau das eigentliche Nest dar. Auf den einzelnen Waben werden Nachkommen aufgezogen und Futtervorräte anlegt. Die Anordnung entspricht einem bestimmten Muster, das sich im Laufe der Evolution als am günstigsten erwiesen hat (siehe S. 8). Dabei waren die Faktoren Ökonomie, Kleinklima und Hygiene entscheidend. Ein wesentlicher ökonomischer Faktor sind kurze Wege, vor allem für die Aufzucht der Larven. In der Nähe der Brut befinden sich immer Honig und Pollen.

Reifer Honig lagert im oberen Teil der Waben und an den Rändern. Darunter sind die Pollenvorräte angeordnet. Beide bilden eine Art Futterkranz um die Brut. Dieser Aufbau setzt sich auf den Nachbarwaben fort. Die Brutfläche wird zu den Randwaben hin immer kleiner. Sie bildet eine über mehrere Waben angeordnete Kugelform. Diese Form des Nests und der Bienentraube ist wärmetechnisch am ökonomischsten. Durch den geringst möglichen Wärmeabfluss an die Umgebung kann die Brut auch bei niedrigen Umgebungstemperaturen bei etwa 34 °C aufgezogen werden.

Ebenso entscheidend für das Überleben ist die Hygiene im Nest. Von kranker und toter Brut geht eine ständige Infektionsgefahr aus. Sie muss aus dem Nest entfernt werden. Wie effektiv dies geschieht, hängt unter anderem vom Verhältnis Bienen und Raum und hier besonders vom Brutraum ab. Zu wenige Bienen im großen Raum werden mit dem Putzen nie fertig. Im Wildvolk reguliert sich dies über den Bau der Waben und ihre Zerstörung durch die Wachsmotten (siehe S. 41). In einer naturgemäßen Imkerei ist der Imker dafür verantwortlich, dass mit seinen Eingriffen die Nestordnung nicht zerstört wird und die Bienen in der Lage sind, die Hygiene aufrechtzuhalten.

Gut zu wissen
Das Verhältnis von Raum und Volksstärke entscheidet wesentlich über das Hygieneverhalten und damit über die Gesundheit des Bienenvolkes.

Veränderungen Wabenzahl in der Beute

Die Notwendigkeit den Raum wegen des Hygieneverhaltens an die Volksstärke anzupassen beschränkt sich nicht nur auf die Brut, sondern auf das gesamte Nest. Bienen, die in anderen Bereichen des Nestes mit Putzen beschäftigt sind, stehen im besonders gefährdeten Brutbereich nicht zur Verfügung. Schimmelige Randwaben sind ein Alarmzeichen dafür, dass das Volk überfordert ist. Der Raum muss daher immer an die Volksstärke angepasst werden.

Das Einengen

Im Frühjahr werden die Völker so weit wie möglich eingeengt. Bei manchen Beutentypen kann der Raum sehr flexibel mit dem Schied bestimmt werden. Alles was überflüssig ist, kommt hinter das Schied: nicht besetzte Waben, Waben mit Futterresten. Sobald die Tracht einsetzt, wird der Brutraum nach und nach mit Mittelwänden oder Naturbau erweitert. Allerdings werden die Rähmchen nicht zwischen die Waben, sondern an den Rand des Brutnests zugegeben. Dabei kann man den Brutraum soweit eingeengt lassen, dass die Bienen den Honig überwiegend in den Honigraum einlagern. Allerdings sollte man dies nicht zu gewaltsam betreiben. Ebenso müssen nach der Abnahme des Honigraums immer noch vier bis fünf Kilogramm Futter im Volk verbleiben. Ohne Schied muss man besonders bei Magazinbeuten die Völker mit Bedacht einengen.

Das Erweitern

Im höchsten Maße unsanft ist das künstliche Erweitern des Brutraums durch Mittelwände, die zwischen die Brutwaben gehängt werden. Wenn das Bienenvolk aufgrund der genetisch vorgegebenen jahreszeitlichen Zyklen und der vorhandenen Nahrungsressourcen keinen Auslöser für eine Vermehrung der Bienen findet, läuft eine Zwangsausdehnung des Brutraums allen natürlichen Abläufen entgegen. Durch die Wabengabe im Brutnest zerstört der Imker die von den Bienen bevorzugte Kugelform. Diese ist aber für eine ökonomische Wärmeproduktion unerlässlich (siehe S. 10). Um die Brut auf allen Waben am Leben zu halten, muss sich die Bienentraube zwangsläufig über einen größeren Raum ausdehnen. Dies ist schon für ein gesundes Volk ein gewaltiger Eingriff und unnötiger Stress.

Nicht ganz so „gewalttätig", aber ebenso stressig ist es für die Bienen, wenn man Völker durch Aufsetzen von Zargen erweitert. Wird zu schnell erweitert, können die Bienen die Zellen nicht mehr reinigen und erkrankte Brut entfernen. Auch dies ist eine vermeidbare Belastung und führt zudem oft zum Ausbruch von Brutkrankheiten.

Die sanfte Erweiterung mit Bauschieden, wie sie in manchen traditionellen Beutensystemen wie beispielsweise dem Blätterstock üblich war, bietet hier Vorteile. Bei der Großraumbeute kann falls notwendig mit Hilfe eines beweglichen Schiedes sanft erweitert werden (siehe S. 22 und 55). Doch wenn man Bienenvölker nach ihrer Stärke und nicht nach Terminplan erweitert, ist auch die Magazinimkerei, egal welchen Wabenmaßes und ob Groß- oder Kleinraumbeute, ohne Probleme in eine naturgemäße Imkerei zu integrieren.

Das Absperrgitter

Anders sieht es bei dem zwischen Brut- und Honigraum gelegten Absperrgitter aus, das nur die Königin am Durchschlupf hindert. Unbestritten kann man mit einem brutfreien Honigraum auch bei geringen Trachten den Honigertrag steigern. Auch können Bienenfluchten einfacher verwendet werden (siehe S. 55).

Doch das Tier „Bienenvolk" wird in seinem Wachstum und seinen Möglichkeiten, das Nest natürlich zu gestalten, gehindert. Ein Vergleich mit der Käfighaltung von Hühnern wäre sicher übertrieben, schließlich können die Bienen noch in den Honigraum gelangen und sogar ausfliegen. Doch das Absperrgitter ist im Nest ein Fremdkörper, der nicht nur die Königin, sondern auch die Arbeitsbienen in ihrer Bewegungsmöglichkeit behindert.

So wird's gemacht!

Einengen zur Einwinterung

Bei der Einwinterung richtet sich der Raum nach der Volksstärke und dem Platzbedarf für das Winterfutter. Überwinterungsfähige Völker sollten mindestens 10 Deutsch-Normal-, 8 Zander- oder 7 Dadant-Waben besetzen.

- Schwächere Völker einengen (zum Beispiel auf einen Raum) oder vereinigen
- Starke Völker auf einen Raum drücken, beschleunigt den Bienenabgang
- Häufig bebrütete oder vergammelte Waben ersetzen

Einengen zur Auswinterung

Besonders zur Zeit der Auswinterung müssen Völker, die die Beute nicht mehr vollständig besetzen, eingeengt werden:
- Randwaben, insbesondere schimmelige, entfernen

- Verkotete Waben ersetzen
- Eine nicht mehr besetzte Zarge mit Waben entfernen und durch Naturwabenbau bzw. Bauhilfen oder Mittelwände oben ersetzen

Wann erweitern?

Der Zeitpunkt für die Erweiterung der Völker darf nicht vom Terminkalender oder dem äußeren Schein – ich halte nur starke Völker – bestimmt werden. Auch sollte dies für jedes Volk individuell nach folgenden Kriterien entschieden werden:
- Alle Wabengassen sind bis zur Beutenwand mit Bienen besetzt

- Die Unter- und möglichst auch Oberseite der Wabenschenkel sind mit Bienen überzogen
- Die Brut nimmt außer den Randwaben den Brutraum nahezu vollständig ein
- Auf zwei bis drei Waben befindet sich ältere schlüpfende Brut

Wie erweitern

Die Räume werden nach oben und nicht nach unten erweitert, da sie unten schlechter angenommen werden und die Bienen oben im Bereich des Futterkranzes aktiver sind. Der zusätzliche Raum dient bei Einzargern der Vergrößerung des Brutraums, während mit ihm beim Zweizarger in der Regel der Honigraum gegeben wird. Füllt man ihn abwechselnd mit Mittelwand und ausgebauter Wabe, so entstehen meist schlecht zu bearbeitende Dickwaben. Je nach Betriebsweise kann die aufgesetzte Zarge mit folgenden Waben bestückt sein:

- Ein Drittel ausgebaute Waben und jeweils ein Drittel Mittelwände links und rechts
- Nur Mittelwände
- Nur Rähmchen mit Anfangsstreifen (je nach Stimmung des Volkes kann viel Drohnenwabenbau entstehen)
- Baurahmen als Varroa-Fänger in der zweiten Zarge
- Durch Besprühen der Waben mit Honigwasser kann man die Besiedlung des neuen Raums beschleunigen.

Nach Josef Bretschko lässt das Absperrgitter die Temperatur im Honigraum auf 20°C absinken, was den Reifungsprozess des Honigs ungünstig beeinflusst. Wenn man dem Volk geringe Honigernten belässt oder mit Hilfe des Schiedes die Größe des Brutnestes reguliert, ist man in der Großraumbeute nicht auf ein Absperrgitter angewiesen. In der Kleinraumbeute erfordert das Imkern ohne Absperrgitter mehr Erfahrung und Fingerspitzengefühl.

Bienenvölker hygienisch bearbeiten

Auch bei der Bearbeitung der Völker können Verunreinigungen und Rückstände in die Bienenprodukte gelangen. Überdies dürfen bei einer naturgemäßen Bienenhaltung nur bienenverträgliche Verfahren verwendet werden.

Honigwaben entnehmen

Auf Hygiene muss bereits bei der Entnahme der Honigwaben geachtet werden: Auf den Waben sitzen Bienen, die herunter müssen. Man kann sie abstoßen oder mit einem sauberen Besen abfegen, der ist hygienischer als ein Gänseflügel. Ungeeignet sind dagegen bienenvertreibende Stoffe, wie zum Beispiel ätherische Öle oder auch synthetische Repellents. Deren Bestandteile eignen sich meist nicht für Lebensmittel und führen zu unzulässigen Rückständen in den Bienenprodukten.

In größeren Imkereien werden die Bienen häufig mit einem „Blower" oder Laubgebläse von den Waben getrieben. Das ist Stress für die Bienen und führt bei zu starkem Luftstrom zu vermehrtem Totenfall. Werden zur Vereinfachung der Arbeitsabläufe Bienenverluste in Kauf genommen, muss dies aus ethischen Gründen abgelehnt werden. Im Grenzbereich bewegt man sich, wenn man den Bienenbesatz vorher mit einer Bienenflucht reduziert und dann die wenigen verbliebenen Bienen abbläst.

In der Regel reicht aber die Bienenflucht alleine aus. Gibt es keine Brut oder Drohnen im Honigraum, ist er am nächsten Tag bienenfrei.

Die Funktion der Bienenflucht (links Seitenansicht, rechts Ansicht von oben): Die Bienen verlassen den Honigraum durch die mittlere runde Öffnung und gelangen durch den engen Ausgang in den Brutraum, aber nicht mehr zurück.

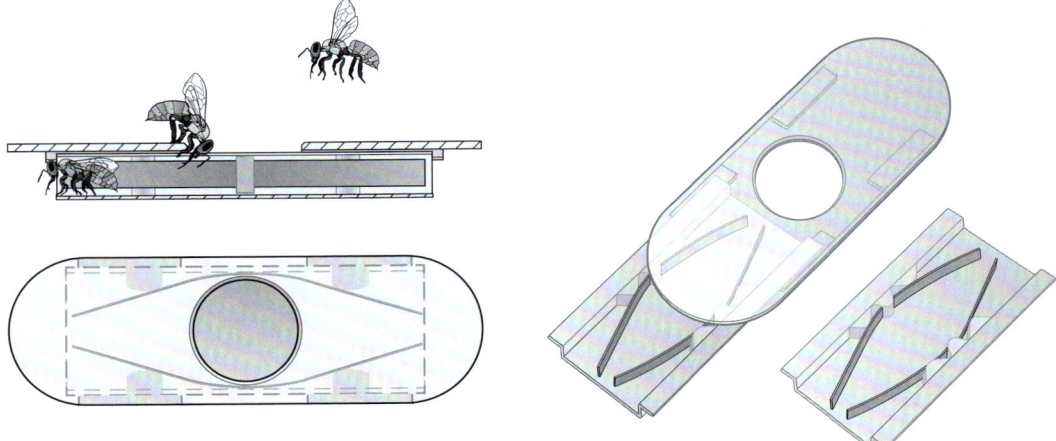

So wird's gemacht!

Bienenfluchten

Der Zwischenboden mit Bienenflucht wird zwischen Honig- und Brutraum eingelegt. Unterschiedliche Systeme sind im Handel. Sie beruhen aber fast alle auf dem Prinzip, dass die Bienen zunächst über ein großes Loch den Honigraum verlassen und über immer enger werdende Gänge in den Brutraum gelangen. Umgekehrt ist es für die Bienen schwer, über die kleinen Ausgänge in den Honigraum zurückzukehren. Spätestens nach 24 Stunden sind im Honigraum und auf den Waben keine Bienen mehr. Voraussetzung ist, dass sich im Honigraum weder Königin und noch Brut befindet. Sicherheit könnte hier ein zuvor eingelegtes Absperrgitter zwischen Brut- und Honigraum geben.

Vorteil:
- Zeitaufwendiges Abkehren und Abstoßen entfällt
- Gefahr der Räuberei wird durch schnelles Arbeiten vermindert

Nachteil:
- Man muss einen Tag vor der Honigernte zu den Bienen
- Nach wenigen Tagen kann der Honig in den kühleren Waben kristallisieren
- Die abgekühlten Honigwaben müssen vor dem Schleudern im Honigraum eventuell wieder erwärmt werden

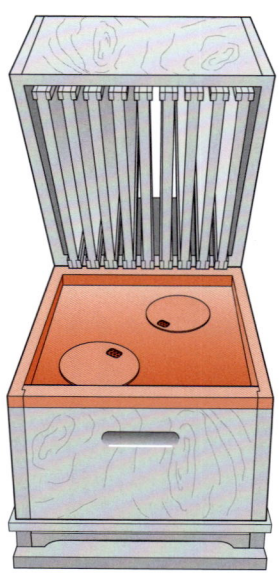 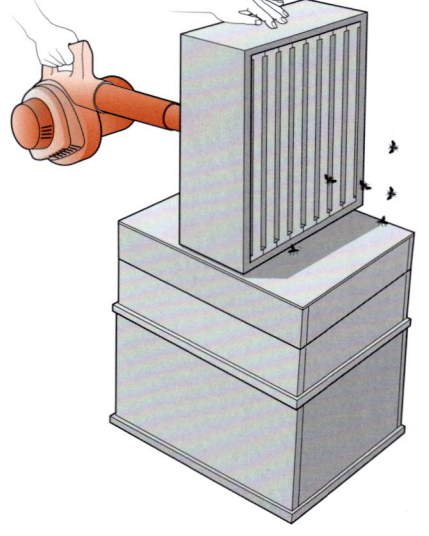

Die Bienenflucht wird zwischen Brut- und Honigraum gelegt (links). Die nach einem Tag verbliebenen wenigen Bienen können abgekehrt oder mit dem Bee-Blower von den Waben weggeblasen werden.

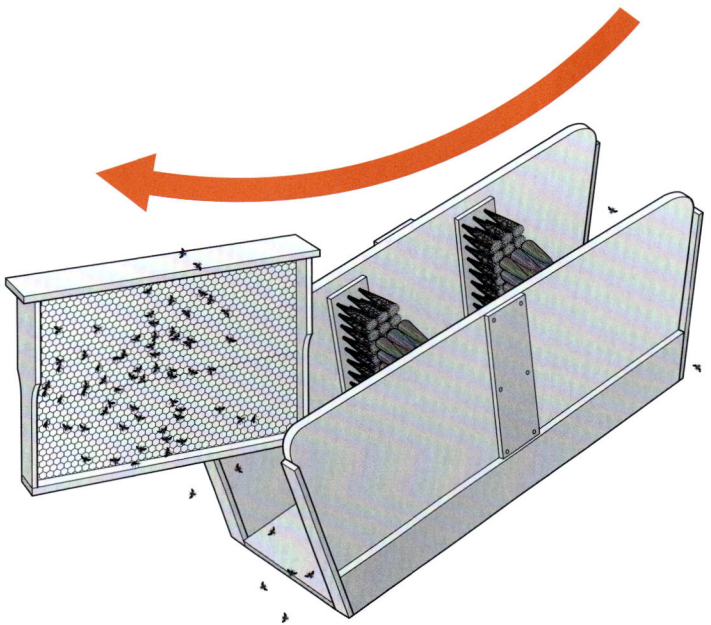

Die Bienen lassen sich schnell und leicht in einem Kasten mit Doppelbesen von der Wabe abkehren.

Da die Bienen zum Brutraum mit ihrer Königin streben, steigen sie in aller Ruhe durch die „Schleuse". Die Honigräume lassen sich dann ohne Gefahr von Räuberei abnehmen.

Wer Bienenfluchten verwendet, muss nicht zwangsläufig Königinnensperrgitter einsetzen. Wenn man das Brutnest nicht bis zum Rand ausreizt, um möglichst allen Honig zu ernten und die Tracht ausreichend war, kann man leicht darauf verzichten.

Nicht jeder will und kann Bienenfluchten anbringen. Dann bleibt meist nichts anderes übrig, als die Waben abzukehren. Einfach geht dies mit den im Handel angebotenen Abkehrboxen, bei denen man die Wabe durch seitlich in einer Box angebrachte Abkehrbesen zieht. Das geht schnell und schonend.

Grundsätzlich gilt auch hier, dass nur weiche Besen benutzt werden, mit denen man die Bienen behutsam abkehren kann. Deshalb müssen sie von Zeit zu Zeit auch von Honig und Wachs befreit werden, da sonst die Bienen verkleben. Dies gilt natürlich ebenso für Federn und Gänseflügel, die aber wohl nur in der kleinen Imkerei zum Einsatz kommen.

Räuberei vermeiden

Besonders in trachtlosen Zeiten werden die Bienen auf der Suche nach Futter von allem angelockt, was zuckerhaltig ist oder nach Bienenstock duftet, auch Honigreste oder andere süße Stoffe in gebrauchten Gefäßen. Dabei kommt es zur Räuberei. Leichte Beute findet sich in einem zur Bearbeitung zu lange geöffneten Volk. Auch ein schwaches Volk leistet kaum Gegenwehr. Ebenso können Völker auf Nachbarständen betroffen

Gut zu wissen
Räuberei kann man verhindern, wenn man schwache Völker nicht duldet und alles nach Bienen Duftende für die Bienen unzugänglich hält. Völker bearbeitet man in trachtlosen Zeiten besser kurz vor der Dämmerung am Abend und verhindert mit Rauch allzu große Aufregung.

sein, denn der Raub findet meist im Umkreis von bis zu einem Kilometer statt.

In der Nähe von Abfallbehältern und Mülldeponien besteht eine besondere Gefahr für die Bienengesundheit, denn ein großer Teil der im Handel erhältlichen Honige aus Übersee enthält Sporen der Amerikanischen Faulbrut. Auch können Rückstände, etwa von Arzneimitteln, auf diesem Weg in das Bienenvolk gelangen. Man sollte daher auch die Umgebung des Bienenstandes immer genau beobachten.

Mit Rauch besänftigen

Rauch täuscht den Bienen einen Waldbrand vor und veranlasst sie, Proviant für eine eventuelle Flucht aufzunehmen. So sind sie beschäftigt und mit voller Honigblase auch etwas träge. Kommt es doch zur Unruhe, so überdeckt der Rauch die von den Bienen abgegebenen Alarmstoffe. Beim Öffnen der Beute besänftigt man erst einmal die ins Licht strebenden Bienen mit einigen wenigen Rauchstößen.

Auch wenn es sich bei den einzelnen Bienen nur um ein Teil des Tieres „Bienenvolk" handelt, muss aus ethischen Gründen so weit wie möglich vermieden werden, sie zu quetschen. Dazu drängt man sie beim Herausnehmen der Waben oder beim Aufsetzen von Räumen mit weiteren leichten Rauchgaben in die Wabengassen zurück.

So wird's gemacht!

Räuberei verhindern

Bei keiner oder geringer Tracht sind besonders viele Bienen unterwegs, um nach Futter zu suchen. Wie beim Nektar ist viel und hochkonzentriertes am attraktivsten. Aber auch alles nach Bienen duftende wird gierig angeflogen. Jetzt ist zügiges Arbeiten am Bienenvolk dringend anzuraten. Man sollte für Bienen unzugänglich halten:

- Waben, insbesondere Honigwaben
- Zuckerhaltige Substanzen, insbesondere Zuckerwasser
- Mit Wachs oder Propolis behaftete Geräte und Gegenstände

Was tun, wenn es doch zu Räuberei kam?

Wenn in der Nachbarschaft raubende Bienen in den eigenen Stock zurückkehren, melden sie dort eine gute „Trachtquelle" in der Umgebung. Der Rundtanz ohne Richtung lässt andere Bienen ausschwärmen und alles im Umkreis von 80 bis 100 Metern absuchen. Je mehr Bienen erfolgreich heimkehren, desto schneller schaukelt sich das Geschehen auf. Wenn es zu Kämpfen am Flugloch kommt oder gar Bienen mit wenig Gegenwehr in das Bienenvolk gelangen, ist Räuberei ausgebrochen:

- Bearbeitung beenden
- Fluglöcher einengen. Bienen am Flugbrett mit Mehl bestäuben, um raubendes Volk ausfindig zu machen
- Keine schwachen Bienenvölker in der Nähe von starken halten
- Beraubte oder gefährdete Völker in zwei bis drei Kilometer Entfernung vom Räuber aufstellen

So wird's gemacht!

Rauchmaterial

Das im Smoker verwendete Rauchmaterial darf den Geschmack und die Qualität der Bienenprodukte nicht verändern. Hier muss besonders auf problematische Rückstände geachtet werden. Der Rauch muss auf die Bienen alarmierend wirken. Andererseits darf der Imker durch beißenden Qualm oder unangenehmen Geruch nicht gestört werden.
Ungeeignet sind:

• Pfeifentabak (Nikotin-Rückstände)
• Holzspäne und Pappe (beißender Qualm)

• Jutesäcke, gefärbt oder mit Mineralöl behandelt (Rückstände)
• Behandeltes Holz oder andere Materialien (Rückstände)
• Geeignet sind:
• Getrockneter Trester (Apfel, Birne etc.)
• Getrocknete Pflanzen (zum Beispiel Heublumen, Schafgarbe, Rainfarn)
• Morsches, unbehandeltes Holz, Fichten- und Tannennadeln
• Jutesäcke (nur mit Pflanzenölen behandelt)

Geeignete Rauchmaterialien

Nicht alles, was gut brennt und kräftig qualmt, eignet sich als Rauchmaterial. So können zum Beispiel bei mit Farben oder Klebern behafteten Materialien oder auch bei behandeltem Holz durch die Hitze chemische Prozesse ausgelöst werden und hochgiftige Substanzen entstehen. Auch kleinste Spuren davon sollten nicht in das spätere Lebensmittel gelangen! Der bei älteren Imkern so beliebte Stumpen bringt Nikotin-Rückstände ein und schädigt zudem die eigene Gesundheit. Ebenso ungeeignet sind Abwehrsprays, da die Zusammensetzung nicht bekannt oder geprüft ist.

Getrocknete Pflanzenteile, wie sie die meisten Imker verwenden, sind unbedenklich und bestens geeignet. Ob man lieber morsche Wurzelstöcke, Heublumen, speziell getrocknete Pflanzen oder getrockneten Trester verwendet und zum besseren Brennen Hobelspäne untermischt, hängt dann von eigenen Vorlieben ab oder davon, welche Mischung man sich leicht besorgen kann.

EU-Ökoverordnung

Zum Einengen und Erweitern der Völker macht die EU-Ökoverordnung keine Angaben. Der einzige Hinweis zur Völkerführung überhaupt betrifft die Vernichtung von Bienenvölkern, um Honig zu ernten – diese Methode ist selbstverständlich verboten! Sie wird aber ebenso wie die in alten Versionen der Ökoverordnung noch aufgeführte und verbotene Mehrvolksbetriebsweise selbst in Nordamerika, wenn überhaupt, nur noch äußerst selten angewendet. Seitdem die Korbimkerei in der Heide kaum noch praktiziert wird, gibt es auch bei uns solche Betriebsweisen nicht mehr, mal abgesehen von der bei Spättrachten nicht seltenen praktizierten Methode, die Völker im Wald „abwirtschaften" zu lassen. Auch aus ethischen Gründen ist es abzulehnen, schwache oder kranke bzw. stark mit Varroamilben belastete Völker im Wald zu belassen. Selbst wenn man genügend

Ersatz geschaffen hat, wird man die Völker nur so lange im Wald belassen, wie sie noch ohne Probleme überwintern können. Da fehlt jede Beziehung zum anvertrauten Tier, dem Bienenvolk (siehe S. 86).

Bio-Verbände

Bio-Austria und Demeter weisen als einzige Bio-Verbände auf den besonderen Schutz des Brutraums hin. Bei Bio-Austria darf man dort die Vorgänge nicht durch das Umhängen von Waben stören. Auch Demeter sieht den Brutraum als geschlossene Einheit an. Dies wird aus den Hinweisen auf große, nicht unterbrochene Waben und Naturbau deutlich (siehe S. 34). Ein Absperrgitter darf man bei Demeter nur während der Umstellungsphase verwenden. Bio-Austria lehnt es grundsätzlich ab, was wohl auch einer naturgemäßen Imkerei am gerechtesten wird (siehe S. 60).

Bei der Bearbeitung von Bienenvölkern erlauben die meisten Bio-Verbände keine chemisch-synthetischen Mittel, um die Bienen zu beruhigen oder zu vertreiben. Damit ist die Verwendung von Repellents nicht zulässig, wie sie auch in den Abwehrsprays enthalten sind. Mögliche Rückstände schließen die Verwendung auch von vornherein aus. In einer naturgemäßen Imkerei sind die Bienen gewohnt bei Rauch zu fliehen bzw. sich für die Flucht vorzubereiten. Natürliche Stoffe wie Holz und andere Pflanzenteile sollen daher bevorzugt verwendet werden.

Bio-Check: Völkerführung

Bereich	Vorschrift	EU	BK	BL	DE	EL	NL	Gä	BA	BS
Brutraum	Nicht stören durch Waben umhängen								X	
Absperrgitter	Ausnahme						X[1]		X	
Beruhigung und Vertreibung	Rauch mit natürlichen Stoffen		X	X			X			
	Keine synthetischen Stoffe	X[2]	X	X	X	X	X	X	X	X

[1] nur in der Umstellungsphase
[2] nicht erlaubt während der Gewinnung von Honig
EU = EU-Ökoverordnung / BK = Biokreis / BL = Bioland / DE= Demeter / EL= Ecoland / NL= Naturland / Gä= Gäa / BA = Bio Austria / BS= Bio Suisse
(Vorstellung der Verbände auf Seite 156)

Reinigung und Desinfektion

Bei den Waben im Nest achtet ein unter der Obhut des Menschen naturgemäß gehaltenes Bienenvolk überwiegend selbst auf die Hygiene. Schon
bei unbesetzten Beuten muss der Imker stärker eingreifen. Noch mehr
gilt dies bei Geräten und Werkzeugen, die zur Bearbeitung, zum Füttern
und für die Honigernte eingesetzt werden. Wer hier nicht auf Sauberkeit
achtet, gefährdet nicht die Bienengesundheit und die Qualität der gewonnenen Lebensmittel.

Außen mit Farbe

Als Werbung für Bienen und Honig, aber auch wegen der Erhaltung des
Materials, wird man die Beute außen nicht „vergammeln" lassen. Zum
Anstrich sollten nur unbedenkliche, schadstofffreie und möglichst natürliche Materialien verwendet werden (siehe S. 29). Auch wenn die Außen-
flächen mit dem Inneren des Stocks nicht direkt in Kontakt kommen,
können ihre Ausdünstungen die Bienengesundheit und die Bienenprodukte beeinträchtigen. Besondere Hygiene ist nur im Bereich des Stock-
eingangs notwendig, da sich dort die Bienen häufig aufhalten und eventuell auch abkoten. Ein normal starkes, gesundes Volk kümmert sich
allerdings selbst darum.

Innen mit Feuer und Lauge

Einen Innenanstrich braucht man nicht, denn in den Beuten sorgen die
Bienen selbst für Hygiene, sofern auf ein ausgewogenes Verhältnis zwischen Volksstärke und Raum geachtet wird. Werden leere Zargen oder
Beuten gelagert, muss sich der Imker um die Hygiene kümmern. Alles
sollte spätestens, bevor es wieder verwendet wird, durch Auskratzen
gereinigt und möglichst desinfiziert werden.

Holzbeuten werden einfach kurz ausgeflammt. Man kann Beutenteile
auch mit Sodalösung abwaschen. Bei Kunststoffzargen bleibt nur diese
Möglichkeit. Nach Ausbruch einer Krankheit verwendet man hierzu am
besten 2- oder 5 %ige Ätznatronlauge. Bei anzeigepflichtigen Seuchen
wie der Amerikanischen Faulbrut ist den Anweisungen des Amtstierarztes
zu folgen.

Beutenboden reinigen

In normal starken und gesunden Völkern reinigen die Bienen auch den
Beutenboden selbst. Doch in schwächeren Völkern oder bei hohen Böden
bleibt das sich auf dem Boden ansammelnde Gemüll unbeachtet. Natürlich können die Bienen auch keine Bodenschieber unterhalb des Gitter-
bodens reinigen. Hier muss der Imker nachhelfen.

Besonders die von den Bienen aus den Brutzellen entfernten Kalkbrutmumien, aber auch andere Sporenträger stellen am Boden eine permanente Infektionsquelle dar. Werden sie nicht entfernt, gelangen die
Pilzsporen mit der Luftzirkulation wieder in den Brutbereich. Zudem
gefährden auch andere Schimmelpilze die Bienengesundheit und die
Qualität der Bienenprodukte.

Gut zu wissen
Wenn ein Betrieb nach
Ausbruch der Ameri-
kanischen Faulbrut
saniert werden muss,
bestimmt der Amts-
tierarzt oder der von
ihm beauftragte Bie-
nensachverständige
die Art der Reinigung
und Desinfektion.

So wird's gemacht!

Manuelle Reinigung

Von Beuten und Geräten werden regelmäßig Wachs- und Propolisreste mit einem Spachtel bzw. Stockmeißel und einer harten Bürste entfernt. Zur Oberflächen-Reinigung genügt Wasser. Chemische Reinigungsmittel dürfen weder den Bienen schaden noch die Bienenprodukte verunreinigen.

Vorteile:
- Für nahezu alle Materialien geeignet
- Erhöht die Wirkung einer darauf folgenden Desinfektion

Nachteile:
- Hoher Arbeitsaufwand
- Keime in Ritzen und tief im Holz werden nicht erreicht

Gasbrenner

Gasbrenner erzeugen Temperaturen um 2.000 °C und eignen sich daher hervorragend zur Desinfektion von Holzoberflächen, die danach leicht oberflächlich angebräunt sein sollten.

Vorteile:
- Für Holz und Metallteile geeignet
- Zur Sanierung von Amerikanischer Faulbrut geeignet

Nachteile:
- Weniger für Holzteile mit Farbanstrich geeignet
- Nicht für Kunststoffteile geeignet

Hochdruckreiniger

Die handelsüblichen Hochdruckreiniger geben Wasser mit einem Druck von bis zu 140 bar ab. Eine bessere Reinigung erreicht man mit warmem oder heißem Wasser im Zulauf. Eine 3 %ige Sodalösung wirkt zusätzlich desinfizierend.

Vorteile:
- Für fast alle Materialien geeignet
- Desinfizierend in Verbindung mit 3 %iger Sodalösung

Nachteile:
- Starke Durchfeuchtung des Materials
- Nicht zur Sanierung von Amerikanischer Faulbrut geeignet

Ätznatron

Ätznatron bzw. Natronlauge ist stark ätzend. Wegen der hohen Unfallgefahr gehören Schutzbrille, Chemikalienhandschuhe, Schürze und Gummistiefel zur Ausrüstung. Die Lauge wird immer in kaltem Wasser angesetzt und erst danach erwärmt bzw. erhitzt. Für eine 2 %ige Ätznatronlauge werden 1 Kilogramm und für eine 5 %ige 2,5 Kilogramm Ätznatron in 50 Liter Wasser gelöst. Die Teile werden entweder mit warmer Lauge abgebürstet oder in heiße Lauge getaucht und mit Wasser nachgespült. Vor der Entsorgung in der Kanalisation muss die Lauge mit Essigsäure neutralisiert werden (etwa pH 7). Dies muss zum Beispiel mit Lackmuspapier (pH 1–10) kontrolliert werden.

Vorteile:
- Für nahezu alle Materialien geeignet
- Zur Sanierung von Amerikanischer Faulbrut geeignet

Nachteile:
- Hohe Unfallgefahr bei heißer Lauge
- Umweltschutz bei Entsorgung beachten

Futtergeschirr putzen

Egal ob das Futtergeschirr im Beutensystem integriert ist oder ein Behäl-ter eingestellt wird, alles muss regelmäßig gründlich gereinigt werden. Erstens gehört dieser Bereich für die Bienen nicht zum eigentlichen Nest. Das heißt, sie reinigen dort meist nur oberflächlich. Zweitens sind zucker-haltige Futterrückstände eine ideale Brutstätte für alle möglichen Keime und beginnen leicht zu gären. Restfutter sollte daher bald entfernt wer-den.

Werkzeug und Kleingeräte sind ebenfalls regelmäßig und konsequent zu reinigen oder zu erneuern. Eine besondere Gefahr besteht bei Stock-meißel, Besen oder Federn. Durch sie werden leicht Krankheitserreger von einem Volk zum anderen geschleppt, denn durch den direkten Kon-takt mit den Waben kommen sie vor allem bei Brutkrankheiten massiv mit Krankheitserregern in Kontakt. Unterbinden kann man eine Infek-tionskette von Bienenstand zu Bienenstand, indem jeweils ein eigenes Werkzeug-Set benutzt wird.

Wer Königinnen vermehrt oder züchtet, darf auch die Begattungs-kästchen und Zuchtrahmen nicht vergessen. Da man sie nur kurzzeitig einsetzt, werden sie bei der Desinfektion oft übersehen.

EU-Ökoverordnung

Für die Desinfektion von Beuten und Geräten sind wegen der Rückstandsge-fahr nur wenige Methoden und Stoffe erlaubt. Für Beuten sind physikalische Methoden wie Dampf und Abflammen gestattet. Diese reichen sogar zur Sanie-rung der Amerikanischen Faulbrut aus, da Kunststoffbeuten in der Bio-Imkerei ja nicht erlaubt sind.

Bio-Verbände

Wie in der EU-Verordnung geben auch die Ökoverbände bei der Desinfektion von Beuten und Geräten physikalischen Verfahren den Vorzug. Chemische Stoffe schließen die meisten aus. Bei Bio-Aust-ria, Biokreis und Naturland darf im Aus-nahmefall Natronlauge (Ätznatron) und bei Demeter Natriumcarbonat (Soda) verwendet werden. Diese beiden sind nach der neuen EU-Ökoverordnung jedoch für die Desinfektion von Beuten nicht mehr zulässig. Sie sind allerdings im Anhang der EU-Ökoverordung als Des-infektionsmittel aufgeführt. Für Behälter und Geräte kann man sie daher ohne wei-teres verwenden, aber nicht für Beuten und Rähmchen.

Bio-Check: Reinigung und Desinfektion von Beuten und Werkzeuge

Bereich	Vorschrift	EU	Verbände							
			BK	BL	DE	EL	NL	Gä	BA	BS
Reinigung und Desinfektion	Mechanisch und Hitze (Flamme, Heißwasser)	X	X	X	X	X	X	X	X	X
Desinfektion	Natronlauge (NaOH)			X[2]			X[2]		X[2]	
	Natriumcarbonat (Soda)				X[1,2]				X[2]	
	Keine chemischen Mittel		X	X	X		X			

[1] nur bei Ausbruch der Amerikanischen Faulbrut. (Hier folgt Desinfektion nach Anweisung des Amtstierarztes. Soda ist nicht ausreichend wirksam.)

[2] nur für Werkzeuge: Im Anhang VII der EU-Ökoverordung als allgemeine Reinigungs- und Desinfektionsmittel aufgeführt.

EU = EU-Ökoverordnung / BK = Biokreis / BL= Bioland / DE= Demeter / EL= Ecoland / NL= Naturland / Gä= Gäa /
BA = Bio Austria / BS= Bio Suisse
(Vorstellung der Verbände auf Seite 156)

Tafel 1

1 Vorfrühling: Die Haselnussblüte zeigt den Beginn des Vorfrühlings an. Sie kann aber auch bereits im Winter in milden Abschnitten blühen.

2 Vorfrühling: Salweiden sind für Bienen der wichtigste erste Pollenspender.

3 Erstfrühling: Die blühenden Schlehen-Sträucher ziehen viele Insekten und auch Honigbienen an.

4 Erstfrühling: Der Löwenzahn bietet die erste große Tracht, die in manchen Regionen sogar geschleudert werden kann.

1 Vollfrühling: Die Apfelblüte ist für die Honigbiene eine sehr wichtige Nahrungsquelle während der Entwicklung im Frühjahr.

2 Frühsommer: Robinien spenden sehr viel Nektar, aus dem die Bienen einen flüssigen aromatischen Honig herstellen.

3 Hochsommer: Sommerlinden sind in den eher trachtarmen Zeiten eine wichtige Nahrungsquelle.

4 Spätsommer: Heidekraut bietet im späten Jahr noch Nahrung. Nur in wenigen Regionen reicht das Angebot für eine gute Honigernte aus.

1 Die offene Pore im Brutzelldeckel der Drohnen der östlichen Honigbiene Apis cerana ermöglicht einen Gasaustausch durch den sonst dicken und dichten Zelldeckel hindurch.

2 Beim Wildbau ohne Vorgaben werden die Waben von einzelnen Bienengruppen unterschiedlich ausgerichtet und angeordnet.

3 In einer Bautraube ketten sich die Bienen an den Beinen aneinander und bilden so ein Gerüst als Vorgabe für den Bau und als Kletterhilfe.

4 Auf einer Wabe ist Brut jeden Alters in offenen und gedeckelten Zellen meist gruppenweise angeordnet. Weiselzellen (oben) werden sonst eher unten angeordnet.

Tafel 4

1

2

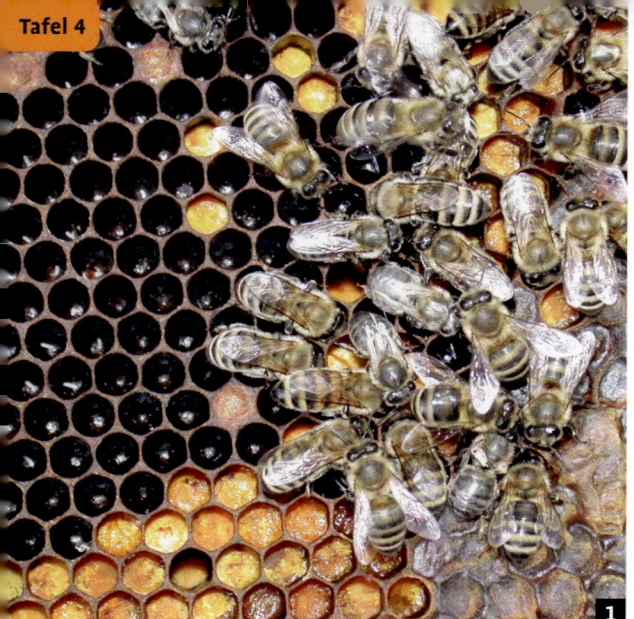

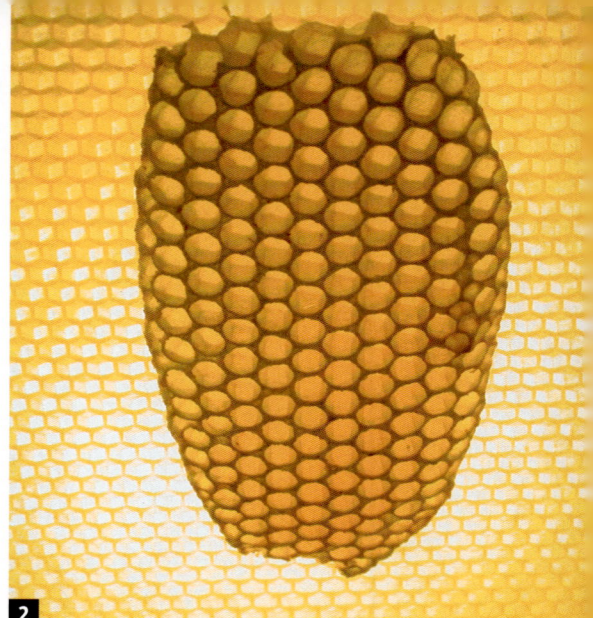

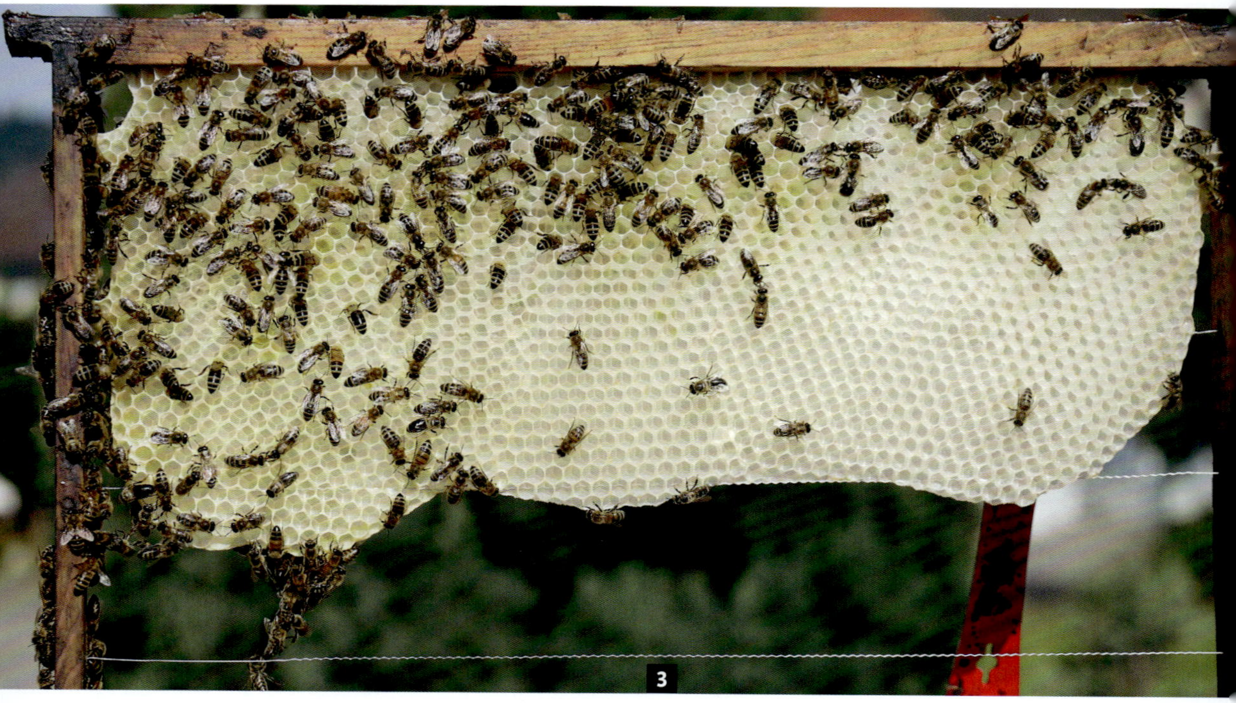

3

1 Alte, häufig bebrütete Waben erscheinen wegen der vielen Kokonhüllen und Fremdeinschlüsse dunkel, wenn nicht sogar schwarz.

2 Im Gegensatz zur meist ovalen Form des Wildbaus sind bei einer Mittelwand Größe und Anordnung der Zellen für die ganze Wabenfläche vorgegeben.

3 Damit eine Naturwabe bei der Durchschau der Völker oder beim Schleudern des Honigs nicht abbricht, kann man die Rähmchen drahten.

1 Man kann eine Naturwabe – hier aus einer Oberträgerbeute (Top-bar-hive) – mit einem am Träger befestigten (unbehandelten!) Peddigrohr so stabilisieren, dass auf Rähmchen und Drahtung verzichtet werden kann.

2 Im Gegensatz zu normalen Bienen erkennt man vergiftete (rechts) häufig am ausgestreckten Rüssel. Bei der Brut (links) ist dies bis kurz vor dem Schlüpfen normal.

3 An den vor dem Flugloch angebrachten Pollenfallen verlieren die Bienen beim Schlupf durch die Löcher ihre Pollenhöschen. Mit der Lochgröße entscheidet man, wie viel dem Volk von dem eingetragenen Pollen bleibt.

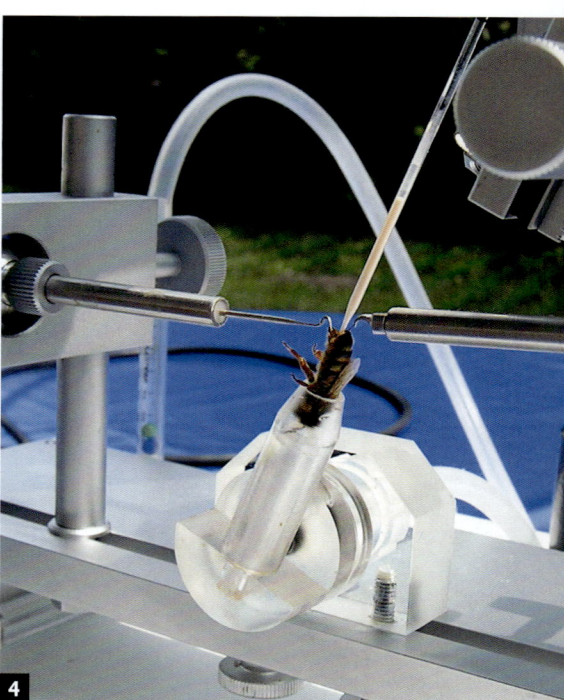

1 Mit dem Melitherm-Gerät kann der Honig gleichmäßig und schonend durch Erwärmen flüssig gemacht werden. Nur bei Temperaturen unter 40 °C geschieht dies schonend.

2 Das Erwärmen des abgefüllten Honigs im Wasserbad ist sehr zeitaufwendig. Überhitzungsschäden sind nur zu verhindern, wenn die Temperatur genau reguliert werden kann.

3 Damit man die Königin beim Schneiden des Flügels nicht quetscht, wird sie in einem Apparat fixiert.

4 Zur künstlichen Besamung wird die Königin in eine Apparatur eingespannt und im betäubten Zustand der Samen eingeführt.

1 Die an Europäischer Faulbrut erkrankte Brut liegt verdreht und verfärbt in der Zelle.
2 Beim „Streichholztest" weist der lange schleimige Faden auf einen Ausbruch der Amerikanischen Faulbrut hin.
3 Die weißen bis dunkelbraunen Mumien der Kalkbrut liegen locker in der Zelle.
4 Bildet die herausgezogene Larve eine Säckchen, so ist meist Sackbrut die Ursache.

1 Der Befall der Tracheen der Biene mit Acarapis-Milben erkennt man häufig bereits an der unnatürlich gespreizten Flügelstellung der flugunfähigen Bienen.

2 Mit Darmparasiten (Nosema) befallene Bienen neigen eher zu Durchfall. Im schlimmsten Fall koten sie im Nest auf die Waben.

3 Bienenleere Beuten mit Brut und reichlich Winterfutter sind für einen Varroa-Schaden typisch.

4 Der Kleine Beutenkäfer kann schwache Völker töten, aber auch den Honig in Wabenlagern vernichten.

Zucht und Vermehrung

Jedes Tier will und muss sich vermehren, um die eigene Art zu erhalten. Aus diesem Verhalten schöpft das Tier einen großen Teil seiner Vitalität. Doch beim Imker ist dieser in der Tierwelt so selbstverständliche Vorgang äußerst unbeliebt. Zumal sich Bienenvölker durch Schwärmen vermehren und mit dem Verlust der Bienen der Honigertrag im Muttervolk sinkt. In einer naturgemäßen Imkerei muss man einen Kompromiss eingehen, der beiden Seiten gerecht wird: der Biene und dem Imker.

Das Schwärmen und die Selektion im Wildvolk

Im Bienenvolk sind die Vorboten der Schwarmstimmung vielfältig. Am Anfang geht in der Regel die Aufzucht der Brut zurück. Dadurch verringert sich die Zahl der Pollensammlerinnen und das Bienenbrot (Pollen) in den Zellen erhält zur Konservierung einen glänzenden Nektarüberzug. Im Baurahmen tut sich nichts mehr, es fehlt an frischer Drohnenbrut, und stattdessen wird Honig eingelagert. Am Stockeingang sitzen untätige Bienen herum, und es findet dort kein Futteraustausch statt.

Auf den Waben zeigen sich Spielnäpfchen. Sie sind kurze Zeit später innen poliert und bald mit einem Ei bestückt. Schnell wächst daraus eine Larve heran. Schon nach acht Tagen wird die Zelle gedeckelt und über die Puppe entwickelt sich die schlupfbereite Königin. Dies dauert – im Gegensatz zur Arbeiterin – anstelle von 21 Tagen nur 16. Obwohl beide aus dem gleichen Eiern stammen, entwickeln sie sich doch zu zwei vollkommen verschiedenen Wesen. Dies ist das Ergebnis des proteinreichen Futters aus den Kopfdrüsen, das ausschließlich die Königin erhält.

Kurz nachdem die letzte Weiselzelle gedeckelt ist, verlässt die alte Königin mit etwa der Hälfte der Arbeiterinnen das Nest. Um sie wieder flugtauglich zu machen, war sie schon einige Zeit vorher auf Diät gesetzt worden. Kurz vor dem Schwärmen, meist um die Mittagszeit, ziehen sich die Bienen in den Stock zurück und schon wenige Minuten später ergießt sich der Schwarm nach draußen.

In der Nähe des alten Nestes, meist an einem waagrechten Ast, lässt sich der Schwarm nieder. Spurbienen (Suchbienen) fliegen aus, um nach einer geeigneten neuen Nisthöhle zu suchen. Ähnlich wie bei einer Trachtquelle versuchen zunächst einzelne Bienen im Tanz andere von „ihrer" Nisthöhle zu überzeugen. Je mehr Bienen nach einer Kontrolle der Lokalität ebenfalls von ihr überzeugt sind, desto eher fällt die Entscheidung für diese Höhle aus. Ein Ruck geht durch die Schwarmtraube und bald zieht er in die neue Behausung ein.

Die junge Königin

Im zurückbleibenden Volk schlüpft bald die erste junge Königin. Ist das Volk bereits durch den Abgang des Schwarms geschwächt, töten die Arbeiterinnen oder die junge Königin ihre Geschwister ab. Dies geht mit verschiedenen Lautäußerungen einher, die der Imker als Tüten und Quaken bezeichnet. Sind aber wieder sehr viele Bienen geschlüpft oder hat das Volk noch eine gewisse Stärke, dann folgen dem ersten Schwarm, auch Vorschwarm genannt, mehrere Nachschwärme. Dabei schützen die

Gut zu wissen
Noch bis zum dritten Tag kann eine Larve mit dem Wechsel von kohlehydratreicher zu proteinreicher Nahrung in die Entwicklung zur Königin umgestimmt werden, was für die Nachschaffung bei Verlust der Königin für das Volk überlebenswichtig ist.

Arbeiterinnen die verbliebenen Weiselzellen und hindern die erstge-
schlüpfte Königin daran, ihre Schwestern zu töten. Sie wird vielmehr in
die „Zange" genommen und mit dem Nachschwarm hinausgetrieben.
Dieser Vorgang kann sich mehrmals wiederholen. Erst wenn das Volk die
gewünschte Stärke erreicht hat, erlauben sie den verbliebenen Königinnen eine Überlebende im Kampf zu ermitteln.

Hochzeitsflug

Fünf bis sechs Tage später fliegt die junge Königin meist in den Morgen-
stunden das erste Mal aus, um nach einigen Orientierungsflügen einen
etwa zwei Kilometer oder weiter entfernten Drohnensammelplatz aufzu-
suchen. Wie der Name sagt, treffen sich dort Drohnen von Völkern aus
der Umgebung. Auf den meist fußballfeldgroßen Arealen wird die junge
Königin im Fluge von mehreren Drohnen nacheinander begattet. Der Vorgang kann sich an den folgenden Tagen wiederholen.

Im Durchschnitt wird eine Königin von zwölf Drohnen begattet. Das
Sperma wird in der Samenblase gespeichert. Es reicht für mindestens
fünf Jahre aus, der Lebensdauer einer Königin. Schon nach wenigen
Tagen beginnt sie mit der Ablage der ersten Eier, die an guten Tagen bis
auf 1200 gesteigert werden kann. Das ist ein Vielfaches ihres Körperge-
wichts – eine unglaubliche Leistung.

Mit der Begattung an weit entfernten Drohnensammelplätzen und
dem Zusammentreffen von Drohnen aus vielen Völkern wird Inzucht
weitgehend ausgeschlossen. Andererseits ist durch die große Zahl der
verschiedenen Drohnen eine große genetische Variabilität im Volk gesichert. Da alle Drohnen und auch die Königin aus derselben Region stammen, treffen somit verschiedene, an die dortigen Gegebenheiten angepasste Linien aufeinander. Eine ideale Voraussetzung für eine natürliche
Selektion einer am besten an die örtlichen Gegebenheiten angepassten
Biene. Solch eine, allgemein als Landrasse bezeichnete Biene bringt die
besten Voraussetzungen für das Überleben des Bienenvolkes mit. Da die
Bienen im Volk von verschiedenen Vätern stammen und nur wenig miteinander verwandt sind, machen sich ungünstige Merkmale weniger
bemerkbar und entscheiden nicht unbedingt über Leben und Tod eines
Bienenvolks.

Die Vermehrung in der Imkerei

Im Gegensatz dazu versucht der Imker, das Schwärmen zu verhindern
oder den Schwarm durch Bildung von Jungvölkern vorwegzunehmen.
In einer naturgemäßen Betriebsweise wird man den Trieb des Bienenvolks, sich zu vermehren so wenig wie möglich unterdrücken.

Früher nutzte man das Schwärmen noch als natürliche Art der Völker-
vermehrung. So saß nicht nur der Heideimker geduldig vor seinen Körben, um den ausziehenden Schwarm abzupassen und im vorgehängten
Beutel einzufangen, er machte auch durch geschicktes Ausgleichen und
Umsetzen aus einem Volk bis zur Heideblüte vier Völker.

Und jetzt? Viele verbinden mit einem Schwarm nur den Verlust von
Bienen und Honig. Den meisten Imkern heute fehlt einfach die Zeit! Da
kaum ein Imker stundenlang den Betrieb am Flugloch beobachten kann,

bleibt meist nur, den ausgezogenen Schwarm einzufangen. Eine leere Beute als Schwarmfänger bringt nur Erfolg, wenn sie auch nach Bienen riecht. Doch gebrauchte, unverschlossene Beuten sind nicht erlaubt, denn sie bergen die Gefahr der Faulbrutverbreitung.

Ist der Schwarm draußen, kann man nur hoffen, dass er sich erst einmal nicht allzu hoch zum Sammeln absetzt. Niedrige Obstbäume bieten eine ideale erste Anlaufstelle. Je länger der Schwarm unterwegs ist und je jünger die Königin, desto höher zieht er hinauf. Beim Schwarmfang in der Höhe sollte man auf die eigene Gesundheit achten und nichts riskieren. Das ist wichtiger als der Verlust der Bienen.

Den Schwarm einfangen

Hat man den Schwarm gesichtet und kann er ohne allzu große Mühe und Gefahr für Leib und Leben erreicht werden, macht man sich mit einer Schwarmfangkiste oder einen Beutel ans Werk.

Über Erfolg und Misserfolg entscheidet die Königin. Ist sie in Kiste oder Beutel, hat man den Schwarm. Beim Abklopfen ist meistens der erste Stoß der wichtigste. Manche holen die Königin auch aus dem Schwarm, um sie im Käfig in die Schwarmkiste zu hängen. Mit etwas Erfahrung und Geschick geht das gut, oft aber fliegt der Schwarm auf und ist dann weg.

Die Kiste mit dem eingefangenen Schwarm stellt man am besten am Boden auf und lässt den Bienen Zeit, sich dort zu sammeln. Am Flugloch sterzelnde Bienen zeigen ihnen, wo sich die Königin und ein Teil des Schwarms aufhalten.

Am Abend werden die Bienen in eine neue Beute geschlagen. Doch Vorsicht, solange noch nicht gebaut wurde, kann der Schwarm wieder ausziehen. Wer auf der sicheren Seite sein will, stellt ihn erst einmal für etwa 24 Stunden an einen dunklen kühlen Ort. Dann akzeptieren die Bienen die neue Behausung leichter.

Das Schwärmen steuern

Manchen wird allein beim Gedanken ans Schwärmen schwindlig. Gilt es doch für viele Imker als Zeichen dafür, dass man seine Tiere nicht „im

Gut zu wissen
Das Einfangen und Einlogieren sind meist ein Kinderspiel, denn solange von den Bienen noch keine Waben gebaut wurden, verteidigen sie nur das eigene Leben. Mit frisch ausgezogenen Schwärmen kann man daher ohne Bedenken und besonderen Schutz umgehen.

So wird's gemacht!

Schwarm fangen

Nicht immer kann und will man das Schwärmen verhindern. Am besten stehen dafür Wassersprüher, Fangbehälter und Königinkäfig bereit. Dabei zügig und umsichtig arbeiten:

- Schwarmtraube mit Wasser besprühen und in einen Behälter stoßen
- Ist die Königin drin, hat man auch den Schwarm!

- Zum Zufliegen der Bienen Behälter am Boden aufstellen
- Am Abend oder nach Dunkelhaft in eine Beute mit Bauhilfen für Naturbau oder mit Mittelwänden einschlagen
- Das Volk kann man am alten Standort aufstellen, denn das Schwärmen lässt die Bienen den Heimatstock vergessen

Griff" hat. Die meisten Imker können oder wollen aber eine Vermehrung über Schwärme aus Zeitgründen nicht in ihre Betriebsweise einbauen. Deshalb tun sie alles, um das Schwärmen zu verhindern. Wie weit man sich dabei von einer naturgemäßen Imkerei entfernt, entscheidet die Art und Weise der Schwarmverhinderungsmaßnahmen.

Meist sind es die kleinen Dinge, mit denen man den Schwarmtrieb hinauszögern kann. Das reicht von der Förderung des Bautriebs, einem sanften Schröpfen sowie der Aufzucht von Drohnenbrut bis hin zur rechtzeitigen Honigentnahme und einer auf die Volksentwicklung abgestimmten Raumgabe. Junge Königinnen schwärmen meist seltener, aber dafür gibt es keine Gewähr.

Für die Schwarmverhinderung abzulehnen

Wenn frühzeitig durch übermäßiges Schröpfen oder Erweitern des Raums die Entwicklung des Volkes unterdrückt wird, ist das nicht naturgemäß. Auch wer einfach abwartet und nur Weiselzellen ausbricht, hilft dem Volk nicht wirklich und reagiert zu spät.

Mit dem rabiaten Flügelstutzen der Königin gewinnt man nur Stunden, und sie bezahlt diese Maßnahme meist mit ihrem Leben, weil sie beim Ausschwärmen leicht verloren geht. Das Verbot, der Königin den Flügel zu schneiden, kann man aus der Vorschrift im Tierschutz ableiten, dass man Tieren kein Leid zufügen darf, Verstümmelung eingeschlossen.

Viele Imker bewerten dies anders. Sie vergleichen das Flügelschneiden mit dem Kürzen des Horns oder dem Schneiden von Federn der Vogelschwingen (siehe Tafel 6/Bild 3). Tatsächlich sind bei der Honigbiene die Flügeladern nur während der Entwicklung mit der Leibeshöhle verbunden. In dieser Zeit fließt in den Hohlräumen Blutflüssigkeit. Nervenfasern und Tracheenäste ragen hinein. Mit der Zeit veröden die Hohlräume zu einem offensichtlich unempfindlichen Gewebe. Im Gegensatz zu Vogelschwingen wachsen die gekürzten Flügel der Bienenkönigin jedoch nicht mehr nach. Darüber hinaus stirbt die gestutzte Königin häufig bei dem Versuch auszufliegen. Dies alles sind Kriterien für einen Verstoß gegen den Tierschutz und müssen aus ethischen Gründen abgelehnt werden.

Bleibt die Frage, ob die Königin ein Tier oder nur ein Teil davon ist. Man könnte sich auf das Volk als Ganzes berufen, denn das Tier beziehungsweise Volk wird durch die Maßnahme weder nachhaltig geschädigt noch getötet. Doch wenn ein Volk schwärmt und die flugunfähige Königin vor dem Flugloch herunterplumpst und verendet, kann dies mit naturgemäßer Imkerei nichts zu tun haben.

Den Schwarm durch Völkervermehrung verhindern

Je nach Betriebsweise ist eine gesteuerte Verjüngung und Vermehrung des Bestandesmit verschiedenen Methoden der Ablegerbildung möglich. Zur Schwarmverhinderung kann man das Volk entweder in Brutling und Flugling teilen oder einen Zwischenableger bilden.

Gemäß einer naturgemäßen Haltung sollte man Ableger aber nicht zu „Unzeiten" bilden. Denn das Schwärmen oder auch das Bilden von Ablegern ist vergleichbar mit einer Geburt: Leitet man sie zu früh ein, leiden

So wird's gemacht!

Schwarm vorwegnehmen zur Schwarmunterdrückung

Ist das Volk schon in Schwarmstimmung gekommen, kann man als Notmaßnahme den Schwarm vorwegnehmen, indem man das Volk beispielsweise in Flugling und Brutling teilt:

- Königin mit Futter und Waben am alten Standplatz ohne Schwarmzellen belassen

- Eine Schwarmzelle mit Bienen und Brutwaben in neue Beute in der Nähe geben
- Flugbienen kehren zu alter Königin zurück
- Schwarmstimmung nach neun Tagen kontrollieren

Zwischenableger

Will man nur den Schwarmtrieb nehmen, ohne den Völkerbestand zu vergrößern, kann ein Zwischenableger gebildet werden:

- Nach obigem Schema Ableger oder Brutling bilden
- Auf Wirtschaftsvolk über Zwischenboden mit Flugloch setzen
- Rückvereinigung erfolgt nach frühestens neun Tagen

Bildung von Ablegern

Sind viele Weiselnäpfchen mit glänzendem Boden vorhanden, ist Zeit zum Schröpfen und zur Ablegerbildung:

- Zwei bis drei gedeckelte Brutwaben mit Bienen bilden die Grundlage
- Jüngste Brut zur Nachschaffung einer Weiselzelle oder eine Königin zugeben

- Ausreichend mit Futter versorgen
- In mindestens zwei bis drei Kilometern Entfernung aufstellen
- Frühestens nach vier bis fünf Wochen zu Jungvölkern aufbauen

Mutter und Kind oder eben das Wirtschaftsvolk sowie der Ableger. Dies bedeutet, dass man dabei weder das Wirtschaftsvolk zu sehr schröpfen darf, noch den Ableger zu schwach erstellen.

Ableger, die aus Völkern in Vermehrungsstimmung gebildet werden, entwickeln sich in der Regel sehr viel besser und schneller. Bildet man sie mit gedeckelter Brut, entzieht man dem Muttervolk zusätzlich zahlreiche Varroamilben.

Den Schwarmtrieb zur Völkervermehrung nutzen

Nur wenn man den natürlichen Schwarmtrieb des Bienenvolks nutzt, kann man die Königin erneuern und Jungvölker bilden, ohne wesentliche Kompromisse gegenüber einer naturgemäßen Imkerei einzugehen. Der Schwarmtrieb des Bienenvolks ist ein von äußeren und inneren Faktoren gesteuerter Prozess, der kurzfristig aufgenommen, aber auch wieder abgestellt werden kann. In der Regel wird man den Vorschwarm nicht einfangen oder ziehen lassen wollen.

Hier bleibt nur, den Schwarm vorwegzunehmen, indem man die Königin im Volk mit entwickelten Schwarmzellen herausfängt und mit

So wird's gemacht!

Schwarm vorwegnehmen zur Vermehrung

Sobald sich in einem Volk die ersten Schwarmzellen entwickelt haben, werden der Vorschwarm und eventuell mögliche Nachschwärme vorweggenommen:

- Königin mit etwa zwei Kilogramm Bienen in eine leere Beute schlagen
- Schwarm außerhalb des Flugkreises des Altvolkes aufstellen
- Die Bienen bauen im Naturbau oder auf Mittelwänden

- Bei starken Völkern können mit den Weiselzellen weitere Jungvölker gebildet werden
- Von den Königinnen, die aus den im Restvolk (Altvolk) verbliebenen Weiselzellen schlüpfen, wird die erste oder stärkste überleben.

etwa zwei Kilogramm abgefegten Bienen zusammengibt. Dieser künstliche Schwarm wird außerhalb des Flugkreises des Altvolkes, also mindestens zwei bis drei Kilometer entfernt aufgestellt. Mit dem Bau von Waben und Aufzucht von Nachkommen wird es sich schnell zum Jungvolk entwickeln.

Bevor im Restvolk nach wenigen Tagen die ersten jungen Königinnen schlüpfen, kann man die nun eventuell folgenden Nachschwärme in gleicher Weise vorwegnehmen. Dies ist nicht immer einfach und erfordert viel Fingerspitzengefühl. Am Ende lässt man der Natur ihren Lauf und die überlebende neue Königin bleibt im Volk. Aber auch ein züchterischer Eingriff wäre nun möglich, wenn man die Schwarmzellen von ausgesuchten Völkern für die Bildung weiterer Jungvölker verwendet.

Selektion und Zucht in der Imkerei

In Deutschland wurde die heimische Dunkle Biene „Mellifera" (Apis mellifera mellifera) immer mehr durch die „Carnica" aus Kärnten und teilweise auch durch den Hybriden, die Buckfast-Biene ersetzt. Seit den 1960iger Jahren kann man die „Carnica" in Deutschland als Landrasse bezeichnen.

Ausschlaggebend für den Wechsel waren ihre höheren Erträge, Schwarmträgheit und Sanftmut. Aber auch die bessere Anpassung an die durch den Wandel der Land- und Waldwirtschaft veränderte Trachtsituation spielte eine Rolle. Tatsächlich wäre die Dunkle Biene bei den heutigen Massentrachten überfordert und – von Ausnahmen abgesehen – wegen ihrer meist größeren Verteidigungsbereitschaft bei der bestehenden Bevölkerungsdichte in oder in der Nähe von Wohngebieten kaum zu halten. Auch wenn mancher Naturschützer die Rückkehr zur heimischen Biene fordert, ist dies, selbst wenn man es wollte, kaum zu verwirklichen. Auch der naturgemäß arbeitende Imker hat keinen entscheidenden Einfluss auf die Drohnenwahl der Königin, sofern er die Standbegattung gegenüber der Belegstelle oder der instrumentellen Besamung bevorzugt.

Standbegattung

Aber auch bei der Standbegattung stellt sich die Frage, ob das Ergebnis noch als naturgemäß bezeichnet werden kann. Die ursprünglich verbreitete Landrasse, die sich je nach Region dem Klima und dem Ressourcenangebot anpassen konnte, gibt es so nicht mehr. Zu grundlegend hat der Mensch die natürliche Selektion über Zucht und Einführung neuer Rassen beeinflusst. Im Flugkreis können damit auch vollkommen ungeeignete, vom Menschen künstlich am Leben gehaltene Linien zum Zuge kommen.

Damit trotzdem bestimmte Merkmale erhalten bleiben, wird man die Standbegattung nur in bestimmten ausgewählten Regionen zulassen oder zumindest von Zeit zu Zeit andere Königinnen in den eigenen Genpool einschleusen. Nur so kann es zum Beispiel gelingen, eine weniger verteidigungsbereite Biene zu erhalten, wie sie in unseren immer dichter besiedelten Landschaften heute fast unerlässlich ist. Ebenso sollte die Selektion von für Krankheiten weniger anfälligen Linien möglich sein.

Künstliche Besamung

Die künstliche Besamung ist ohne Frage mit naturgemäßer Bienenhaltung nicht vereinbar (siehe Tafel 6/Bild 4). So muss eine instrumentell besamte Königin erst mit Kohlendioxid stimuliert werden, um überhaupt in Eiablage zu gehen. Dass bei der künstlichen Besamung nicht wie in der Natur die stärksten und flinksten Drohnen zum Zuge kommen, sondern der Mensch die Auswahl trifft, sei hier nur am Rande erwähnt. Ebenso kann bei der Auswahl des Samens mit der genetischen Vielfalt auch die Vitalität des Bienenvolkes verlorengehen, die sonst der Samen von im Durchschnitt zwölf zur Begattung kommenden Vätern naturgemäß mit sich bringt.

Im Rahmen der Züchtung varroatoleranter Bienen, stellt sich die Frage, ob man die künstliche Besamung für ausgewählte Zuchtprogramme zulässt. Grundsätzlich ist allerdings fraglich, ob es überhaupt eine überall varroatolerante Biene jemals geben wird. Muss man nicht vielmehr eine eher an eine Betriebsweise und Region angepasste, weniger anfällige Biene erwarten? Da wiegt am Ende der Nachteil des Eingriffs stärker als die gewonnenen Vorteile.

Dies gilt erst recht für die direkte Manipulation der Gene, auch wenn dies mit einer Beschleunigung der traditionellen Züchtung begründet wird. Genveränderte Organismen stellen einen gravierenden Eingriff in die Vorgänge der Natur dar und können in der Regel nicht mehr rückgängig gemacht werden. Mögliche negative Folgen sind unabsehbar.

Selektion in der naturgemäßen Imkerei

In einer naturnahen Bienenhaltung müssen die Völker nach ökologischen Kriterien ausgesucht werden. Ohne Frage stehen dabei die Überlebensfähigkeit bei gleichzeitig minimal notwendigen Eingriffen des Imkers im Vordergrund. Richtet sich die Auswahl allein nach den heute allgemein gültigen Zuchtzielen Leistung, Schwarmträgheit, Sanftmut und eventuell noch Varroatoleranz, so wird man ein sehr labiles Gebilde erhalten. Dieses wird unter ungünstigen Bedingungen oder bei falschen oder zu späten Eingriffen des Imkers schnell zusammenbrechen.

EU-Ökoverordnung

Zur Zucht gibt die EU-Ökoverordnung nur wenige und sehr vage Hinweise: Der Imker soll Bienen der Art Apis mellifera und ihren lokalen Ökotypen den Vorzug gegeben. Der Hinweis auf Apis mellifera erscheint auf den ersten Blick überflüssig: Wer will schon Bienen aus Asien halten. Doch gerade im Zusammenhang mit der Varroamilbe kommt immer wieder die Idee auf, die asiatischen Honigbiene Apis cerana als ursprünglichen Wirt des Parasiten hier einzuführen, was sicher neue, noch größere Probleme verursachen würde. Mit dem Hinweis auf lokale Ökotypen soll dem wilden Austausch von allen möglichen Herkünften entgegengewirkt werden. Trotz der größeren genetischen Vielfallt wird die Etablierung eines an die lokalen Verhältnisse angepassten Typs erschwert.

Auch wenn nicht ausdrücklich erwähnt, erlaubt die EU-Ökoverordnung das Umweiseln. Hier hat man dem sichtbaren Nachlassen der Legetätigkeit einer alten Königin gegenüber einer höherer Leistungsfähigkeit und Widerstandskraft der Völker mit hohem Bienenumsatz den Vorzug gegeben. Auch wenn nicht naturgemäß, doch ein vertretbarer Kompromiss. Ganz vom Weg einer naturgemäßen Imkerei würde man abkommen, wenn man das Verbot, die Flügel der Königin zu beschneiden, aufgeben sollte. Hier ist wohl der Druck aus manchem Zuchtbetrieb übermächtig. Andererseits wurde es von manchen konventionellen Imkern als Argument für die Sinnlosigkeit einer naturgemäßen Imkerei missbraucht. Trotzdem bleibt der mögliche Vorwurf, damit gegen den Tierschutz zu verstoßen (siehe S. 68). Zumindest bewegt man sich in einer Grauzone.

Bio-Verbände

Anders die Bio-Verbände: Alle lehnen das Verstümmeln der Königin durch Beschneiden der Flügel ab. Der gezielte Umweiseln wird nur von Demeter erwähnt, allerdings ist es hier nur mit Schwarmzellen erlaubt.

Bei der gezielten Zucht sehen sich manche Verbände offensichtlich in dem Dilemma, eventuell von der Selektion einer varroatoleranten Biene abgekoppelt zu werden. Bei Bioland, Gäa und Naturland geht man sogar so weit, eine künstliche Besamung mit Ausnahmegenehmigung zuzulassen. Dies wird damit gerechtfertigt, dass dies der sicherste Weg zur Züchtung einer an die ökologischen Verhältnisse angepassten varroatoleranten Biene darstellt – ein von Bioland ausdrücklich gefordertes Zuchtziel. Nur Biokreis und Demeter lehnen dies ausdrücklich ab, während sich andere dazu nicht äußern.

Im Normalbetrieb soll man aber auch bei Bioland natürlichen Verfahren der Vermehrung den Vorzug geben und weitgehend Schwarmzellen verwenden. Nur wenn neues genetisches Material im Bestand notwendig ist, sollte auch eine Zucht mit Umlarven verwendet werden. Alle fordern den Schwarmtrieb zu berücksichtigen. Demeter schließt jede Einflussnahme auf die Vermehrung aus. Ebenso sind die in der konventionellen Imkerei verwendeten Zuchtpraktiken, wie Umlarven nicht erlaubt. Einig ist man sich bei der Ablehnung gentechnischer Maßnahmen sowie gentechnisch manipulierter Bienen: Eine nach der Entschlüsselung des Genoms der Biene immer wahrscheinlicher werdende Möglichkeit, gegen Krankheiten widerstandsfähige Bienen zu entwickeln.

Bio-Check: Zucht und Vermehrung

Bereich	Vorschrift	EU	Verbände							
			BK	BL	DE	EL	NL	Gä	BA	BS
Herkunft	Bevorzugt Europäische Biene (Apis mellifera) und ihren lokalen Ökotypen	X	X	X	X	X	X	X	X	X
Zuchtziel	Varroatolerante Biene		X	X			X	X		
	Angepasste Biene		X	X			X	X		
Königin	Keine Verstümmelung (Flügelschneiden)		X	X	X		X	X	X	X
Zucht und Vermehrung	Bevorzugt natürlich		X	X			X			
	Keine künstliche Zucht (Umlarven etc.)					X				
	Künstliche Besamung mit Sondergenehmigung			X			X	X		
	Künstliche Besamung nicht erlaubt	X				X				
	Schwarmtrieb berücksichtigen		X	X	X		X	X		
	Schwarmvorwegnahme und Teilung des Volkes					X	X			

EU = EU-Ökoverordnung / BK = Biokreis / BL= Bioland / DE= Demeter / EL= Ecoland / NL= Naturland / Gä= Gäa /
BA = Bio Austria / BS= Bio Suisse
(Vorstellung der Verbände auf Seite 156)

Futter und Fütterung

Die Fütterung von Bienenvölkern ist in der Imkerei ein heikles Thema. Besteht doch die Gefahr, mit dem Futter den Honig zu verfälschen oder mit Rückständen zu belasten. Darüber hinaus hat die Qualität des Futters einen erheblichen Einfluss auf die Bienengesundheit. An der Frage, ob man im Winter den von Bienen eingetragenen Honig ganz oder teilweise durch Zuckerwasser ersetzen soll oder darf, scheiden sich die Geister.

Die natürliche Futterversorgung

Ein Bienenvolk benötigt im Jahr etwa 20 Kilogramm Pollen und 120 Kilogramm Nektar, um zu überleben. Diese von Thomas Seeley geschätzten Werte können sich mit Trachtangebot, Klima und anderen Faktoren stark verändern. Seine Berechnungen beruhen auf folgenden Überlegungen:

Für die Aufzucht einer Arbeiterin werden etwa 130 Milligramm Pollen benötigt. Die Pollenmenge von 20 Kilogramm reicht somit für die im Laufe einer Saison heranwachsenden 150.000 Bienen aus.

Für die Ernährung der Brut und alle anderen Tätigkeiten der Bienen werden 70 Kilogramm des Nektars benötigt. Dazu gehört vor allem die Produktion von Wachs zum Bauen der Waben. Der Rest wird in 20 Kilogramm Winterfutter angelegt.

Die Bienen stellen das Sammeln von Nektar ein, wenn der überwiegende Teil der Waben mit Honig gefüllt ist und keine weiteren Vorräte gebraucht werden. Dabei können bis zu 50 Kilogramm Honig zusammenkommen. Damit ist das Bienenvolk ausreichend für schlechte Witterungen, Trachtpausen und auch den kommenden Winter vorbereitet.

Pollen sammeln die Bienen deutlich seltener. Oft kommt weniger als ein Kilogramm auf einmal zusammen. Die Unterschiede in der Strategie sind offensichtlich. Pollen wird als Proteinnahrung vor allem im Frühjahr und Sommer zur Aufzucht der Brut benötigt. Tage ohne die Möglichkeit des Polleneintrags lassen sich in dieser Zeit leicht überwinden. Mit größeren Pollenreserven würde man nur unnötig Platz vergeuden, der für die Lagerung von Honig und Aufzucht von Brut benötigt wird. Zusätzliche Waben zu bauen, verbraucht enorme Energiereserven und erfordert weiteren Einsatz bei der Hygiene. Kurz gesagt: Es bringt nichts. Da füllt man lieber bei Bedarf die begrenzte Reserve ständig auf.

Aktionsradius bei der Futterbeschaffung

Der Aktionsradius eines Bienenvolks beträgt in der Regel drei Kilometer. In diesem Bereich können die Bienen am blauen Himmel mit Hilfe des erlernten Polarisationsmusters des Lichts schnell und sicher in das Nest zurückfinden. Doch wenn es notwendig ist, können sie sich an besonders auffälligen Landmarken wie Gebirgszügen orientieren und bis zu sechs Kilometer weit fliegen, um Nahrung zu finden. Damit kann das Volk in einem Gebiet von bis zu 100 Quadratkilometern auf Nahrungssuche gehen. Doch wenn Blüten in der Nähe sind, bleiben sie in einem Umkreis von einem Kilometer.

Möglich wird dieser gezielte Einsatz auch in großer Entfernung vom Stock durch die Fähigkeit der Bienen, andere Bienen im Nest für eine

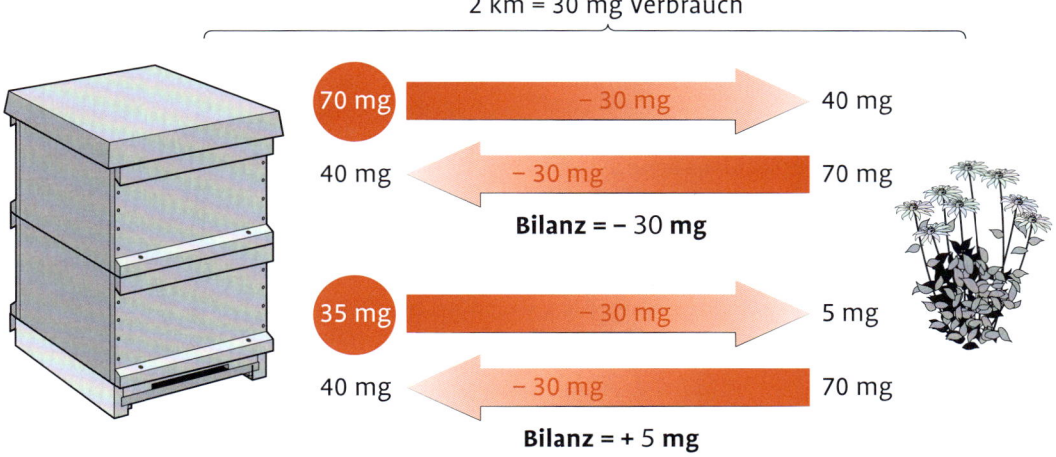

Die Bilanz des Futterverbrauchs ohne Kenntnis der Entfernung der Futterquelle (oben) und mit Verwertung der Entfernungsangaben aus dem Bienentanz (unten).

bestimmte Nahrungsquelle zu mobilisieren. Mit der von Karl von Frisch entdeckten Bienensprache wird durch Tanz Richtung und Entfernung der Trachtquelle angezeigt. Daneben verraten Duftstoffe und kleine Verkostungen in den Tanzpausen, welche Qualität man dort vorfinden wird.

Mit diesen Angaben kann die neu rekrutierte Sammlerin nun gezielt im Stock so viele Vorräte auftanken, wie sie für den Hinflug benötigt. Würde sie immer mit prall gefüllter Honigblase abfliegen, könnte sie nur den Verbrauch an der Trachtquelle ausgleichen und käme mit der gleichen Differenz wieder im Nest an. Am Ende stünde eine negative Bilanz: Es würde mehr verbraucht als gebracht.

Erst die Kenntnis über die Entfernung und die Qualität der Nahrungsquelle ermöglicht es dem Bienenvolk, auf sehr ökonomische Weise große Nahrungsreserven anzulegen. Bei der Wahl der Nahrungsquelle handelt das Volk dagegen nicht immer nur nach ökonomischen Grundsätzen. Neben der Qualität und Art der Futterquelle wird auch im Sinne einer Vielfältigkeit ausgewählt.

Für das Bienenvolk ist wichtig, die Übersicht über die Nahrungsquellen in der Umgebung zu behalten. So ist es auf kurzfristige Veränderungen von Blühzeiten und Futterqualität besser vorbereitet und es kann schnell auf neue Nahrungsquellen umschalten. Viele werden beflogen und abgesammelt, ohne im Volk angezeigt zu werden. Im Tanz zeigen die Bienen nur die lohnendsten Futterquellen an.

Die Fütterung in der Imkerei

Wenn Bienenvölker unter der Obhut des Menschen sind, wird er den Standort ihres Nestes festlegen und damit ihre Versorgung mit Futter. Während ein wildes Volk nur an Standorten mit ausreichendem Futterangebot überlebt, hat der Imker die Möglichkeit, dies bei den von ihm betreuten Völkern selbst zu steuern. Dort wo das Angebot nicht ausreicht, muss er den Standort wechseln oder durch Zufüttern nachhelfen. Imker halten Bienen, um Honig zu ernten. Da liegt es nahe, dass die von den Bienenvölkern für den Winter angelegten Nahrungsreserven gefragt sind.

Honig oder Zucker

Als Ersatz wird Zuckerwasser gegeben. Das war nicht immer so. Der aus Zuckerrohr gewonnene Zucker galt lange als das weiße Gold und war nur für eine kleine Oberschicht erschwinglich. Das einfache Volk, so es sich das leisten konnte, süßte mit Honig. Zucker als Ersatz für Honig wäre in dieser Zeit undenkbar gewesen. Mit der Entdeckung der Zuckerrübe als Zuckerlieferant und dem Aufbau von Zuckerfabriken in Deutschland änderte sich die Situation grundlegend. Erst ab dem Beginn des 19. Jahrhunderts wurde Honig wertvoller als Zucker. Nun lohnte es sich, dem Bienenvolk sämtlichen Honig zu nehmen und es mit Zucker zu entlohnen.

Doch nicht überall ging man soweit, wie die bis vor einiger Zeit nicht nur im Schwarzwald weit verbreitete Art der Bienenhaltung zeigt: Nahezu neben jedem Hof stand ein Bienenhaus mit Bienenkörben. Der Bauer verstand nichts oder nur wenig von Bienen. Es gab auch keinen Grund, in irgendeiner Weise einzugreifen oder etwas zu verändern. Ausgenommen im Frühjahr, da ging der Honigschneider von Hof zu Hof. Er schnitt die vom Winter übrig gebliebenen Honigreste des Vorjahres aus. Der Ertrag war eher mäßig, aber die Völker waren gesund und unabhängig.

Das Ende dieser Art der Bienenhaltung kam mit neuen Krankheiten und Veränderungen der Umwelt. Heute können die Bienen in vielen Regionen nicht ohne Hilfe des Imkers überleben. Eine Tatsache, die auch die Bienenbeobachter nicht vergessen dürfen. Die Bienen bekommen somit für den entnommenen Honig mehr zurück als Zucker. Hieran wird deutlich, dass Honigentnahme und Füttern ohne Weiteres naturgemäß sein können, wenn man beim Blick auf hohe Erträge die Bedürfnisse des betreuten Tieres nicht aus den Augen verliert.

Die Not- und Zwischenfütterung

Die wohl kritischste Phase im Bienenvolk ist die Durchlenzung im Frühjahr. In dieser Zeit sterben zunehmend Winterbienen während des Ausfliegens. Ein Volk kann aber nur überleben, wenn dieser Verlust durch genügend schlüpfende Sommerbienen ausgeglichen wird.

Die Versorgung der Brut mit Proteinen ist kein Problem, wenn ausreichend frühe Pollenspender wie etwa Weiden in der Nähe stehen. Anders beim Nektar, hier können Schlechtwetterperioden den Futterstrom immer wieder unterbrechen. Aus der Praxis weiß man, dass das Aufritzen des Winterfutters oder das Verfüttern von Blütenhonig die Entwicklung der Völker in Gang hält. Auch wenn die Völker am Ende dadurch nicht wesentlich stärker geworden sind, so sind die ohne Futtermangel aufgewachsenen Bienen nachweislich gesünder und widerstandsfähiger. Nicht nur Masse, auch Qualität ist hier gefragt.

Bei größeren zu verfütternden Mengen bietet sich die Futtertasche an. Sie nimmt in der Regel den Platz von zwei Wabenbreiten an und kann je nach Rähmchenmaß mit bis zu drei Kilogramm Honig oder Futterteig

So wird's gemacht!

Aufritzen der Waben

Das Aufritzen von Futterwaben im Frühjahr regt das Volk zu erhöhter Aktivität an, auch wenn dadurch das Futter manchmal nur umgetragen wird.

- Futterwaben werden mit einem Stockmeißel oder einer Entdeckelungsgabel aufgeritzt
- Durch das Aufritzen wird das Winterfutter schnell verbraucht und kann nicht in nachfolgende Trachten gelangen

Honiggabe im Frühjahr

Besonders in den Monaten März bis Mitte Mai kann es immer wieder durch Schlechtwetterperioden zum Abbrechen des Futterstromes kommen. Jetzt kann eine gezielte Zwischenfütterung das Brutgeschäft in Gang halten.

- Die Futtergabe erfolgt nicht im Futtergeschirr oder Futtertaschen, sondern direkt auf dem Bienensitz
- Blütenhonig eignet sich am besten für die Fütterung. Da reicht eine etwas

geringere Qualität aus, die man nicht in den Verkauf geben wollte
- Bis zu 500 g Honig mit einer Zahnspachtel oben auf die Rähmchenträger verteilen
- Man legt ein Papier darunter und darauf, damit die auf das Futter stürzenden Bienen nicht verkleben
- Kristalliner Honig tropft weniger auf die Bienen und verklebt sie nicht

gefüllt werden, was besonders im zeitigen Frühjahr zu empfehlen ist. Später im Jahr kann bei der Zwischenfütterung auch Trockenfutter oder Zuckerwasser gegeben werden, da dann kein Wassermangel besteht oder das Futter auch leicht eingedickt werden kann.

Grundversorgung

Im Laufe des Jahres benötigt auch ein vom Imker betreutes Bienenvolk eine Grundversorgung von 20 Kilogramm Pollen und 120 Kilogramm Nektar. Unter den klimatischen Bedingungen Mitteleuropas wechseln schon immer Zeiträume mit üppiger Tracht und spärlichem Nektarangebot ab. Das Bienenvolk hat Strategien entwickelt, um solche Phasen zu überwinden. Auch heute kann das Volk, solange Tracht herrscht, seinen Bedarf ohne Probleme decken. Allerdings fehlen häufig in den Trachtpausen die geringen Angebote, die „Läppertrachten", welche das Volk zumindest in Gang halten und nicht hungern lassen.

Hierzu haben wesentlich die veränderte Umwelt und Landwirtschaft beigetragen. Wiesen werden noch vor der Blüte gemäht, da Silage als Futter in der Landwirtschaft gegenüber Heu bevorzugt wird. Bei nachwachsenden Rohstoffen hat der Boom dazu geführt, dass die Pflanzen vermehrt vor der Blüte geerntet werden oder Monokulturen wie Mais den Bienen nur wenig Nahrung bieten. So geraten sie zu bestimmten Vegetationsperioden heute häufiger in Futternot.

Konflikte mit dem Tierschutz gibt es trotzdem selten, denn hungernde Bienenvölker fallen, wenn überhaupt, nur dem Imker auf. Alles spielt sich im Verborgenen der Bienenbeute ohne alarmierende Geräusche ab. Doch Bienen, die während ihrer Entwicklung als Larve oder frisch geschlüpfte Biene hungern, sind nachweislich anfälliger für Krankheiten.

Ein Grundsatz der naturgemäßen Bienenhaltung lautet daher: Der Nahrungsstrom im Bienenvolk darf nie abreißen. Allerdings ist eine Reizfütterung abzulehnen, bei der die Bienenvölker durch ständige Futtergaben angeregt werden, übermäßig Brut aufzuziehen. Die unnatürliche Entwicklung führt schnell zu Engpässen und ist mit einer naturgemäßen Bienenhaltung nicht vereinbar.

Das Winterfutter

Bienenvölker legen Honigvorräte an, um in trachtlosen Zeiten, besonders im Winter, mit Futter versorgt zu sein. Diese Vorräte erntet der Imker und bietet den Bienen meist Zuckerwasser als Ersatz.

Mit dem reinen Kohlenhydrat werden die Bienen sehr einseitig ernährt. Besser ist es, wenn das Winterfutter auch Honig enthält. Je nach Beutentyp und Betriebsweise kann bereits auf den Waben im Brutraum diese Menge eingelagert sein. Grundsätzlich gilt, je höher der Anteil von Honig im Winterfutter, vor allem in den Waben, umso besser. Ausgenommen sind jedoch Honige mit hohem Honigtauanteil, die wegen ihres hohen Mineralstoffgehalts von den Bienen nicht gut vertragen werden. Ebenso können hart kristallisierende Honige wie Melizitose bei Wassermangel ein Problem darstellen. Grundsätzlich darf wegen der Seuchengefahr nur eigener Honig verfüttert werden.

Qualität von Futtersirupen

Zuckerwasser, egal welcher Konzentration, enthält immer viel Wasser. Viele verwenden daher Futtersirupe, wenn die Einfütterung schnell gehen und die Bienen wenig belastet werden sollen. Doch Vorsicht, nicht jeder Sirup ist auch als Bienenfutter geeignet. Sirupe mit hohem Trauben und Malzzuckeranteil neigen eher zur Kristallisation. Ebenso vertragen die Bienen Futter mit einem hohen unverdaulichen Anteil weniger. Was bei einem Lebensmittel ohne Bedeutung ist, kann sich bei den Bienen fatal auswirken. Deshalb darf man nur entsprechend geprüftes und deklariertes Bienenfutter verwenden. Sonst haftet niemand für den Schaden, auch nicht der Hersteller.

Durchfall verhindern

Bei ungeeignetem Winterfutter kann es bei den Bienen leicht zu Durchfall kommen. Man sollte daher Standorte meiden, wo der Wald noch spät honigen könnte. Der hohe Mineralstoffgehalt der Honigtauhonige führt

So wird's gemacht!

Zuckerwasser

Verwendet man Kristallzucker oder Raffinade, eignet sich eine Konzentration im Lösungsverhältnis 3:2 am besten.
- Drei Kilogramm Zucker in zwei Liter warmes Wasser einrieseln lassen und rühren
- Fünf Kilogramm Zuckerwasser (3:2) ergeben ca. 3,6 Kilogramm Winterfutter

Futtersirupe

Damit das Winterfutter nicht auskristallisiert, muss der Fruchtzuckeranteil (Fruktose) am höchsten sein.
- Verschiedene für Bienen geprüfte Fertigfutter gibt es im Handel
- Ein Kilogramm Futtersirup ergibt ca. 0,9 Kilogramm Winterfutter

Futterteige

Futterteige werden von den Bienen langsamer abgenommen. In der Regel kann man damit eine „Läppertracht" vortäuschen und die Aufzucht von Brut in Gang halten.
- Verschiedene für Bienen geprüfte Futterteige sind im Handel erhältlich
- Die Völker neigen am wenigsten zur Räuberei
- Futtergabe sollte bis Anfang, spätestens Mitte August abgeschlossen sein

Menge Winterfutter

Der Gesamtbedarf an Winterfutter ist regional sehr unterschiedlich. Das meiste Futter verbraucht ein Volk, wenn es im Winter oder Frühjahr Brut aufzieht. Der Futterbedarf richtet sich aber auch nach der Volksstärke, den von Bienen besetzten Waben.
- 1,3 Kilogramm je besetzte DN-Wabe
- 1,5 Kilogramm je besetzte Zander-Wabe
- 2,1 Kilogramm je besetzte Dadant-Wabe

Die Futterwerte bzw. die Menge an kristallinen Zucker für Fertigfutter hängen u. a. vom Wassergehalt ab:
- Futtersirup (Apiinvert ®) 1 Liter = 0,73 Kilogramm
- Futterteig (Apifonda®) 1 kg = 0,92 Kilogramm kristalliner Zucker

zu Darmstörungen. Aber auch anderes ungeeignetes Futter kann dazu führen. Manchmal sind auch Zusätze wie Säuren und Tees unverträglich. Wenn die Bienen im Stock ihre Kotblase entleeren, gehen die Völker in der Regel anschließend an Nosemose ein. Dies kann nur durch rechtzeitige Reinigungsflüge verhindert werden (siehe S. 93).

Futtermenge im Winter

Für die Überwinterung bekommen die Völker so viel Futter, dass es ohne Probleme bis zur ersten Tracht im Frühjahr reicht. Wenn zur Sicherheit mehr gegeben wird, muss man im Frühjahr überschüssiges Futter, das heißt Futterwaben, entnehmen. Winterfutter darf nicht in den Honig gelangen, da dieser sonst verfälscht wird und nicht als Lebensmittel geeignet ist. Für eventuelle Engpässe im Frühjahr hält man Futterwaben in Reserve.

EU-Ökoverordnung

Für die Überwinterung müssen am Ende der Saison genügend Honig und Pollen in den Bienenvölkern verbleiben. Diese Forderung stand früher noch deutlicher im Mittelpunkt der EU-Ökoverordnung, da dies ohne Frage den natürlichen Umständen am nächsten kommt. Aber Honig als Winterfutter schmälert den Gewinn. Aus diesem Grund intervenierten die Bio-Verbände aus gemäßigten Klimazonen und stellten die Wirtschaftlichkeit in Frage. Letztendlich setzte man die in der konventionellen Imkerei übliche Winterfütterung mit Zucker auch in der EU-Ökoverordnung durch, wenn auch indirekt über die nach der Honigentnahme entstehende Notsituation und das im Falle einer Waldtracht ungeeignete Winterfutter. Aber auch wenn sonst Futtermangel herrscht und das Bienenvolk einzugehen droht, darf man in der Zeit von der letzten Honigernte bis 15 Tage vor der nächsten Tracht Futter geben. Da drängt sich natürlich die Frage auf: Was tut man, wenn die Notsituation innerhalb der 15-Tage-Frist auftritt? Wenn man nicht auf die Ernte verzichten will, bleibt nur Honig als Futtermittel, der eigentlich ohne zeitliche Beschränkung erlaubt sein sollte. Zum einen muss der Tierschutz bzw. das Wohl der Bienen einen höheren Stellenwert haben als die „Reinheit" des Lebensmittels Honig, zum anderen wird der Honig durch Honigfütterung kaum verfälscht, zumal eine Mischung auch nach der Ernte möglich bleibt.

Bio-Verbände

Beim Winterfutter haben alle Ökoverbände ohne Einschränkungen die Regelung der EU in ihre Verordnungen übernommen, auch wenn formal weiterhin eine Einwinterung auf Honig angestrebt werden sollte. Konkrete Angaben zum Honiganteil des Futters machen nur Demeter mit 5 % und Naturland mit 10 %. Da fragt man sich, ob dieser „veredelte" Zuckersirup nur als Alibi dient oder den Bienen tatsächlich eine Verbesserung bringt. Da werden gerne diejenigen in den Zeugenstand gerufen, die behaupten, reines Zuckerwasser sei für die Bienen sowieso gesünder als jeder Honig. Was da an Argumenten kommt, erinnert schon sehr an die kontroversen Diskussionen zwischen Fast Food und Naturprodukten. Da hilft auch im Frühjahr der Vergleich der Volkstärke nicht weiter, denn die Körpermasse bzw. die Zahl der Bienen sagt alleine wenig über die tatsächliche

Vitalität und Widerstandskraft eines Tieres aus. Somit ordnen letztendlich auch die Verbände die naturgemäße Bienenhaltung der Lebensmittelproduktion unter. Man ist sich dann darin einig, dass überschüssiges „minderwertiges" Winterfutter im Frühjahr entnommen werden muss. Was bei einer guten imkerlichen Praxis allerdings außer Frage steht. Ebenso sollte unbestritten sein, dass ausschließlich regionaler Bio-Zucker möglichst aus dem eigenen Verband verfüttert wird.

Auch während der Saison erlauben alle Bio-Verbände Notfütterungen. Die Fütterung zwischen zwei Trachten wird man bei der Kontrolle wohl nur schwer von Notfütterungen abgrenzen können. Im Unterschied zur EU-Ökoverordnung erlauben einige Verbände als Futter ausschließlich Honig aus eigener Produktion. Letztendlich gehen aber auch die Ökoverbände davon aus, dass Honig und Zucker für die Bienen gleichwertig sind. Pollenersatzstoffe sind dagegen eindeutig verboten. Mit ihnen werden Bienen häufiger vergiftet als gestärkt und nicht genverändertes Soja ist fast nicht mehr zu bekommen. Darüber hinaus haben diese Ersatzstoffe in einer naturgemäßen Imkerei nichts zu suchen.

Bio-Check: Futter und Fütterung

Bereich	Vorschrift	EU	Verbände							
			BK	BL	DE	EL	NL	Gä	BA	BS
Einwinterung Wirtschaftsvölker und Jungvölker	Genügend Honig- und Pollenvorräte belassen	X	X	X	X	X	X	X	X	X
	Ausschließlich ökologische Futtermittel	X	X	X	X	X	X	X	X	X
	Futter möglichst betriebseigener Honig				X		X	X		X
	Futter mit 5 % Honigzugabe		X[1]		X					
	Futter mit 10 % Honigzugabe						X	X		
	Zugabe zum Futter Kamillentee und Salz				X					
Notfütterung	Mit Honig, Sirup oder Zucker aus ökologischer Produktion	X[2]		X[2]	X[3]	X[2]	X[2]		X[2]	X[2]
	Nur mit Honig aus eigener Produktion		X[2]		X[2,4]		X[2]			
Reizfütterung	Nicht erlaubt				X					
Trachtlückenfütterung[1]	Honig aus eigenem Verband		X	X			X			X
Pollenersatzstoffe	Nicht erlaubt		X	X	X		X	X	X	X

[1] Ohne Angabe der Mindestmenge an zugefüttertem Honig
[2] Zwischen letzter Ernte und bis 15 Tage vor nächster Tracht
[3] Nur vor der ersten Tracht
[4] Vor der letzten Ernte
EU = EU-Ökoverordnung / BK = Biokreis / BL= Bioland / DE= Demeter / EL= Ecoland / NL= Naturland / Gä= Gäa /
BA = Bio Austria / BS= Bio Suisse
(Vorstellung der Verbände auf Seite 156)

Der Standort

Bienen benötigen für ihr Nest nicht viel Platz. Schon Wildbienen fallen in den Baumhöhlen kaum auf. Der Bienenbeobachter und Imker kann seine Bienen in den Garten, auf eine Wiese, in den Wald oder notfalls auch auf das Hausdach stellen. Imkerei ist eine der wenigen landwirtschaftlichen Aktivitäten, bei der man keine große Nutzfläche, sondern nur eine geringe Stellfläche braucht. Trotzdem ist die Wahl des richtigen Standortes für den Ertrag und für das Wohl der Bienen von entscheidender Bedeutung.

Die Wahl des Schwarms

Die erste Wahl eines natürlichen Schwarms für den Standort des neuen Nestes muss den Imker deprimieren. Bot Thomas Seeley eine Nisthöhle in einer Höhe von einem und fünf Metern an, so bevorzugten die Bienen die höhere. Der Sinn dieses Verhaltens leuchtet sofort ein: In luftiger Höhe sind die Bienen vor Angriffen von Bären sicherer, denn am Boden ist der Geruch nach Honig und Wachs nur schwer auszumachen. Aber auch manche Kriechtiere sind dort oben seltener anzutreffen. Ebenso erreichen kranke oder geschwächte Bienen im Schwarm und auch später so hohe Nesteingänge nicht. Somit dient die Nisthöhe auch der Abwehr von Krankheiten.

Bienendichte

Wesentlich schwieriger wird es beim Abstand zwischen den Nestern. Nach Seeley wählen Bienen unter natürlichen Bedingungen einen Abstand von 0,85 Kilometern. Wie bei Ameisen, Hummeln und Wespen hat die Versorgung mit Futter einen entscheidenden Einfluss auf die Populationsdichte. Thomas Seeley fand diese Abstände in einem eher lichten Wald mit guter Futterversorgung im Unterwuchs.

Der Grund für den großen Abstand der Nester ist leicht zu verstehen. Mit zunehmenden Abstand zwischen den Nestern nimmt auch die Verbreitung von Krankheiten auf horizontaler Ebene, also von Volk zu Volk ab. Denn bis zu einer Entfernung von etwa 80 Metern wird im Rundtanz keine Richtung für die Trachtquelle angegeben, sodass die Bienen ungezielt das Gelände in diesem Bereich absuchen. Verflug und Räuberei finden somit vor allem im Nahbereich statt.

Am häufigsten werden Krankheiten in trachtlosen Zeiten übertragen, denn mit Ausnahme des Winters sind die Bienen sonst mit Sammeln beschäftigt. Das ist nicht neu. Bruder Adam und Bienenwissenschaftler wie Leslie Bailey und Hans Wille wiesen schon früher immer wieder darauf hin, dass die mancherorts herrschende große Bienendichte für viele Probleme in der Imkerei, vor allem der Bienengesundheit verantwortlich ist. Doch muss man hierbei zwischen der Bienendichte in unmittelbarer Nähe und in größerer Entfernung unterscheiden. In der Nähe führen der Verflug und die Räuberei zwischen den einzelnen Völkern zur Verbreitung von Krankheiten.

Die Bienendichte im gesamten Flugradius wirkt sich dagegen auf die Nahrungsversorgung aus. Statistisch gesehen liegt sie in Deutschland bei etwa 1,9 und in Österreich bei 4,4 Völkern pro Quadratkilometer. Im Vergleich zu den zum Beispiel in Afrika bei Wildvölkern ermittelten Dichten von zehn bis 17 Völkern pro Quadratkilometer ist dies sehr wenig. Diese statistischen Durchschnittswerte sagen aber nichts zur Ballung in einzelnen Regionen aus.

Die Wahl des Imkers

Für den Imker ist die Wahl eines geeigneten Standortes während der Saison nicht immer einfach. Sie richtet sich im Wesentlichen nach dem Trachtangebot. Bienen sammeln am ökonomischsten in einem Umkreis von weniger als einem Kilometer. Daher sollte der Standort der Nahrungsquelle möglichst nahe sein. Allerdings darf es nicht zu Rückständen in Bienenprodukten kommen und stark belastete Umgebungen, nahe an intensiver Landwirtschaft, Industrie und Verkehr, müssen gemieden werden. Bei Mülldeponien besteht die Gefahr, dass die Bienen mit Honigresten Faulbrutsporen eintragen.

Aufstellung der Völker

Als Erstes stellt sich die Frage, wie man die Beuten aufstellt: einfach auf den Boden oder erhöht. Den Wunsch der Bienen möglichst in luftiger Höhe zu nisten, wird man kaum entsprechen können. Auch sind Bären bei uns nur in wenigen Bergregionen anzutreffen. Und welcher Imker ist schon bereit, jedes Mal zur Bearbeitung auf den Baum zu klettern? Traditionell arbeitende afrikanische Imker folgen jedenfalls diesem Prinzip, wenn sie die mit Bienen besetzten Röhren hoch in Bäumen aufhängen. Nebenbei sind sie dort auch vor Dieben sicherer. Doch das ließe sich bei uns und mit unseren Beuten nur schwer verwirklichen.

Auf einem leicht erhöhten Standplatz, zum Beispiel einem Bock, kann die Beute einigermaßen waagerecht stehen. Da geht es nicht um den Ordnungssinn, wie man bei manchem Einsatz von Zollstock und Wasser-

Gut zu wissen
Die Aufstellung in einer gewissen Höhe über dem Boden hat Vorteile: Nicht nur Schädlinge gelangen leichter in direkt am Boden stehende Völker. Auch kranke krabbelnde Bienen haben am Boden eher eine Chance, in das Volk zurück zu gelangen und damit der Selbstheilung des Volkes entgegenzuwirken.

Der Verflug bei in Reihe aufgestellten Völkern ist wesentlich größer als bei der Blockaufstellung mit Fluglöchern in vier Richtungen.

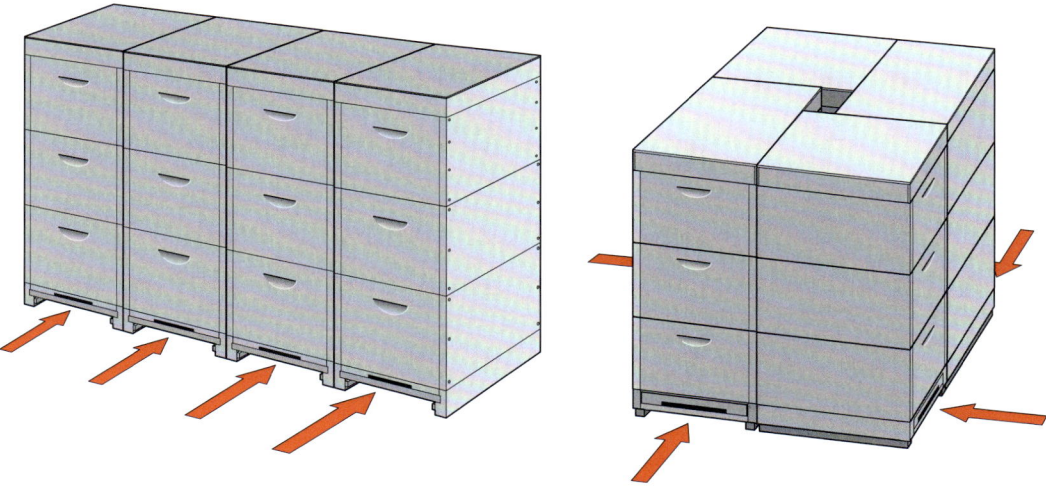

waage vermuten könnte. Wie wir wissen, bauen Bienen ihre Waben senkrecht. Das ist unter anderem bei der Kommunikation wichtig. Immer mit
einer nicht gewollten Schiefe zu leben, geht zwar auch bei Bienen, macht
das Ganze aber schwieriger und bedeutet am Ende Stress. Der Standplatz
auf einem Bock kann in vieler Hinsicht als Kompromiss angesehen werden.

Doch auch der Abstand zum Nachbarvolk ist wichtig. Die Übertragung
von Krankheiten zwischen Bienenvölkern wird geringer, wenn man sie so
aufstellt, dass sich die Bienen nur wenig verfliegen. Beim Bienenhaus und
Wanderwagen ist der Verflug ebenso wie bei der Aufstellung in Reihe
meist sehr groß. Zu zweit oder alleine aufgestellte Völker bringen auch
bei der Bearbeitung deutliche Vorteile. Eine für Imker und Bienen gute
Variante ist es, vier Völker in unterschiedlicher Flugrichtung auf eine
Palette zu stellen.

Kleinklima am Standort

Ein idealer Standort ist nach Norden und Osten hin windgeschützt. Denn
Bienen fliegen bei starkem Wind zögerlich aus, erscheint ihnen doch die
Heimkehr nicht gesichert. Eine Beschattung oder zusätzliche Wasserversorgung ist bei uns selten notwendig. Andererseits können Völker an
feuchten Standorten nur schwer die Luftfeuchtigkeit in der Beute regulieren und daher den Honig nicht ausreichend eindicken. Dies führt zu Qua-
litätsverlust und zu einer starken Belastung der Bienen. Oft sind Völker
an solchen Standorten weniger vital und anfälliger für Krankheiten.

Standortwechsel

Beim Standortwechsel wegen Wanderung oder Verkauf müssen die Völker transportiert werden. Für die Bienenvölker ist dies ein besonderer
Stress. Das geschlossene Flugloch führt im Volk zu einer Aufregung, die
bei unzureichender Belüftung zu einer starken Wärmeentwicklung führen kann. Fehlt dann auch noch Wasser zum Kühlen, kann das Volk sogar
verbrausen.

Das für den Transport von Wirbeltieren vorgeschriebene Abladen und
Versorgen in bestimmten Zeitabständen, ist bei Bienenvölkern wenig

So wird's gemacht!

Kleinklima verbessern

Die Qualität des Kleinklimas im Sommer
(Wind, Feuchte, Hitze) am Verhalten und
Zustand des Bienenvolks einschätzen.

- Häufigste Windrichtungen und Flugaktivität der Bienen bestimmen –
  eventuell Schutz einrichten
- Schimmlige Randwaben und hohe
  Wassergehalte im Honig deuten auf
  einen feuchten Standort hin – lockere

Aufstellung und Luftdurchgang unter
Gitterboden ermöglichen

- Bienen(-bärte) hängen an heißen
  Tagen vor dem Flugloch – Beuten
  mit Zweigen oder Abdeckungen
  beschatten
- Nicht an einem als ungünstig er-
  kannten Standort festhalten

sinnvoll. Trotzdem muss eine gute Belüftung gewährleistet und eine kurzfristige Wassergabe durch Besprühen oder Übergießen möglich sein. Daher müssen die Bienenvölker von Zeit zu Zeit kontrolliert werden.

Am besten transportiert man die Völker nachts, wenn der Flugverkehr sowieso eingestellt und die Umgebungstemperaturen niedriger sind. Im gekühlten Laderaum ist ein Transport eventuell auch tagsüber möglich. Bei geöffneten Fluglöchern sind die Völker zwar weniger aufgeregt, man nimmt damit aber einen gewissen Bienenverlust in Kauf. Aus ethischen Gründen muss jeder wegen Arbeitserleichterung oder Kostenersparnis einkalkulierte Bienenverlust strikt abgelehnt werden.

Gesundheitszeugnis

Bei jedem Standortwechsel sind gesetzliche Vorgaben zu beachten. Um eine Ausbreitung von Seuchen und eine Ansteckung der eigenen Völker zu verhindern, hält man sich an die jeweils geltenden seuchenrechtlichen Bestimmungen. Meistens benötigt man ein Gesundheitszeugnis. Am Bienenstand müssen Name und Anschrift (etwa auf dem Gesundheitszeugnis) gut sichtbar angebracht sein, um im Falle eines Seuchenausbruchs oder anderer Gefahren schnell benachrichtigt werden zu können. Dies ist nicht notwendig, wenn der Name des Besitzers wie beispielsweise im Haus- oder Schrebergarten leicht erkennbar ist.

Nachbarn und Nachbarimker

Selbstverständlich stellt man Bienenvölker so auf, dass weder private noch öffentliche Interessen beeinträchtigt werden. Man muss die Bienenhaltung an die örtlichen Gegebenheiten anpassen und das Nachbarschaftsrecht beachten. Weder die Nutzung von Nachbargrundstücken noch Passanten dürfen beeinträchtigt werden.

So wird's gemacht!

Verordnung einhalten

Die jeweils landesspezifischen Gesetzgebungen sind zu beachten. In Deutschland dürfen nach der dort geltenden Bienenseuchenverordnung Bienenvölker nur mit Gesundheitszeugnis (nicht vor dem 1. September ausgestellt und nicht älter als 9 Monate) von einem Stand bzw. in manchen Bundesländern aus dem Landkreis entfernt werden, wobei die konkreten Anforderungen sowie die Zuständigkeit der Überwachung in den einzelnen Bundesländern abweichen.

• Eine Untersuchung ist möglich, sobald die Bienenvölker ausreichend Brut aufziehen

• Einzelne Veterinärämter verlangen die mikrobiologische Untersuchung von Futterkranzproben
• Die Seuchensituation am neuen Standort beim Veterinäramt bzw. Bienensachverständigen oder dem für die Wanderüberwachung Beauftragten erfragen
• Dort ist auch die Wanderung anzukündigen und das Gesundheitszeugnis vorzulegen
• Anschließend das Zeugnis am Stand gut sichtbar anbringen

So wird's gemacht!

Nachbarn schützen

Nicht jeder freut sich über Bienenvölker in der Nachbarschaft. Manche haben eine Allergie, andere einfach nur Angst. Da hilft nur soziales Verhalten und Rücksichtnahme

- Völkerzahl an die örtlichen Gegebenheiten anpassen

- Flugöffnungen nicht zum Nachbargrundstück oder zu Wegen ausrichten
- Bienenflug durch zwei Meter hohe Hindernisse, zum Beispiel Hecken, nach oben ablenken

Auch die Bedürfnisse von standortfesten Imkereien sind zu berücksichtigen. In Trachtlücken oder gar bei Ausfall der Tracht kann es besonders zwischen ungleich weit entwickelten Völkern von Wander- und Standortimkern zu Räubereien kommen. Mit einer guten Nachbarschaft nicht vereinbar ist es, die Völker im Spätsommer nach Trachtende übermäßig lange am Wanderplatz zu belassen, denn bei Räuberei werden Krankheiten und Parasiten übertragen. Wer die Völker am Ende unbehandelt im Wald zurücklässt, damit sie sich abwirtschaften, handelt unverantwortlich und asozial.

Naturschutz und Bienenwanderung

Vereinzelt kommt es zwischen dem Naturschutz und den Imkern zu Konflikten, da die vom Imker gehaltene Bienenrasse nicht der ursprünglich hier verbreiteten entspricht (siehe S. 70). Viele Imker sehen darin kein Problem, denn beide Bienenrassen tragen im gleichen Maße zur Bestäubung und damit zum ökologischen Gleichgewicht in der Natur bei. Dagegen argumentieren die Naturschützer mit dem Erhalt der ursprünglich verbreiteten Pflanzen und Tierwelt. Ohne Frage haben beide Seiten bis zu einem gewissen Grade Recht. Einerseits wird man das Rad aber nicht zurückdrehen können. Andererseits sind die meisten Naturschutzgebiete so klein, dass es wenig Vorteil bringt, seine Bienen dort mitten hineinzustellen. Bei gegenseitiger Rücksicht und Respekt vor der Auffassung des anderen wird man diesen Konflikt aber leicht lösen können.

Völkerzahl am Standort

In der Bienenhaltung wird die Zahl der Völker, die ein Standort „verträgt", sehr kontrovers diskutiert. Nach dem Tierschutzgesetz (§ 2) muss jeder der ein Tier hält oder betreut, es seiner Art und seinen Bedürfnissen entsprechend angemessen ernähren. Bei der Wahl des Standortes darf man daher nicht nur an die Honigernte denken, sondern muss für eine ausreichende Futterversorgung vor und nach der Tracht sorgen. Ein auch nur kurzfristig hungerndes Bienenvolk erzeugt wenig widerstandsfähige und kurzlebige Bienen.

Bei nicht zu großer Bienendichte in der Umgebung sind im Sommer 20 bis 30 Völker ideal. In der Waldtracht können es gerne 40 und auch ein wenig mehr sein. Kritisch sind trachtlose Zeiten, insbesondere wenn man füttern muss, dann sind manchmal schon 20 Völker zuviel. Aber auch im Spätsommer bei hohem Varroadruck sind weniger Völker günstiger. Je nach Größe der Imkerei fallen natürlich Anfahrtswege und Arbeitszeiten ins Gewicht. Trotzdem wiegt die Tiergesundheit schwerer.

Belastungen durch die Umwelt

Vor allem Immissionen der Industrie und des Verkehrs wirken sich auf den Menschen und die Natur ungünstig aus. Die Honigbiene ist davon in mehrfacher Hinsicht betroffen. Einerseits werden ihr durch die Zerstörung der Natur, wie beispielsweise das Waldsterben, wichtige Nahrungsressourcen entzogen. Andererseits trägt die Honigbiene durch ihre über große Flächen ausgedehnte Sammelaktivität in größerem Umfang als andere Tiere kontaminierte Nahrung ein. Umso überraschender ist die relativ geringe Belastung des Honigs im Vergleich zu anderen Lebensmitteln.

Dafür verantwortlich sind das Wachs und seine fettlöslichen (lipophilen) Eigenschaften. Die mit dem Nektar eingetragenen fettlöslichen Wirkstoffe der meisten Pflanzenschutzmittel gehen von der wässrigen (hydrophilen) Phase des Nektars leicht in das Wachs über und reichern sich dort an. Dadurch wird dem Honig ein großer Teil der Rückstände entzogen.

Immissionen der Luft

Die stark bienentoxisch wirkenden arsen- und fluorhaltigen Emissionen verschiedener Industrieanlagen spielten früher noch eine beachtliche Rolle. Wegen der strengen Auflagen, die zum Einbau von Filtern und anderen Schutzvorrichtungen führten, kommt es heute praktisch nicht mehr zu Vergiftungen. Zur schädlichen Wirkung anderer, heute wesentlich aktuellerer Immissionen von Kohlenmonoxid, Schwefeldioxid, Chlorverbindungen und Schwermetallen, die im Wesentlichen von der Industrie und dem Verkehr stammen, können noch keine genauen Angaben gemacht werden. Indirekte Schäden sind jedoch für die Stickoxide in Abgasen nachgewiesen. Sie verändern die Blütendüfte so, dass Honigbienen sie nicht mehr orten können. Sie sind dann zwar nicht orientierungslos, aber bei der Nahrungssuche sehr eingeschränkt.

Immissionen des Wassers (Abwässer)

Bienen decken ihren Wasserbedarf häufig aus Fließgewässern, sodass sie bei Verunreinigungen auch bienentoxische Stoffe aufnehmen. Da Bienen bevorzugt Wasser vom feuchten Untergrund aufnehmen, können bereits geringe lokale Verunreinigungen zu Schäden führen. Vermutlich wegen des hohen Mineral-

Gut zu wissen
Die große Empfindlichkeit gegenüber Vergiftungen vor allem durch Pestizide macht die Biene zu einem wichtigen Bioindikator für schädliche Immissionen.

Fettlösliche Substanzen (farbig) reichern sich in Wachs an, während die wasserlöslichen im Nektar oder Honig bleiben. Nur wenn das Wachs durch häufige Verwendung bereits zu stark belastet ist, werden sie nicht mehr aufgenommen oder gelangen sogar in den Honig zurück.

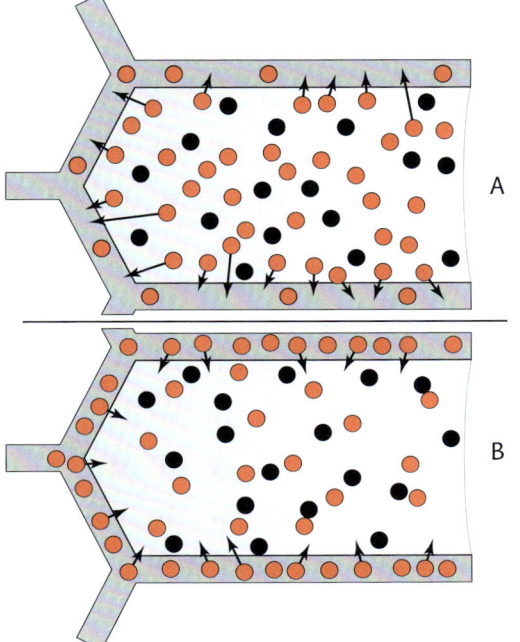

A

B

Bienentränke

Bienen finden meist genügend Wasser in ihrer Umgebung. Wer seine Bienen von verschmutzten Wasserstellen, aber auch von Nachbars Zierteich abhalten will, sollte im ausgehenden Winter eine Bienentränke in der Nähe der Bienenvölker einrichten:

- Wasserversorgung durchgehend sichern
- An einem sonnigen, windstillen Platz einrichten
- Um das Abkoten über der Wasserstelle zu verhindern, außerhalb des Abflugbereichs stellen
- Damit die Bienen nicht im Wasser ertrinken, Schwimmer (Holz oder Kork) bieten oder nur feuchtes Material verwenden.

Die Tränke wird etwas erhöht aufgestellt, um Schnecken abzuhalten und das Zuwachsen zu verhindern. Der Blumenuntersetzer ist bis zum Rand mit Kies gefüllt, der Deckel des Eimers ist mit drei Millimeter großen Bohrlöchern versehen, damit das Wasser den Kies ständig befeuchtet. Der Kies sollte bei jedem Wasserauffüllen gereinigt werden. (Wasserstelle nach A. Guth)

stoffgehalts nehmen Bienen besonders gerne Jauche auf. Hier könnten unter Umständen Rückstände aus der Behandlung von landwirtschaftlichen Nutztieren wie Antibiotika mit eingetragen werden.

Aus mancher Beobachtung könnte man schließen, dass das Bakterium *Clostridium botulinum* auf diesem Weg in den Honig gelangen könnte. Dessen Toxine führen bei Säuglingen zu dem meist tödlichen Botulismus. Wer beobachtet oder befürchtet, dass sich die Bienen in der Nähe an ungünstigen Wasserquellen versorgen, sollte den Standort wechseln oder für eine eigene Wassertränke sorgen.

Lärm und Erschütterungen

Von den Bienen werden Schallimmissionen (Lärm) und mechanische Erschütterungen als Schwingungen wahrgenommen. An häufig wiederkehrende Schwingungen etwa von Kraftfahrzeugen und Eisenbahnen können sich die Bienen relativ leicht gewöhnen. Kurzzeitig auftretende, starke Schwingungen zum Beispiel von Flugzeugen und Baumaschinen führen dagegen häufig zu Schäden.

Aber auch Spechte und andere Vögel können beim Versuch, in das Innere der Beuten zu gelangen, mit ihren Schnabelschlägen die Beuten stark beschädigen und die Bienen sehr beunruhigen.

Elektromagnetische Felder

Bienen benutzen für ihren Zeitsinn und für ihre Orientierung das Erdmagnetfeld. Elektromagnetische Felder, wie sie beispielsweise durch Hochspannungsleitungen erzeugt werden, können Bienen beeinflussen. Die bisher zur Klärung der Zusammenhänge durchgeführten Untersuchungen sind allerdings zum Teil widersprüchlich. Im Einzelfall müssen die in der Leitung herrschende Spannung, die geolo-

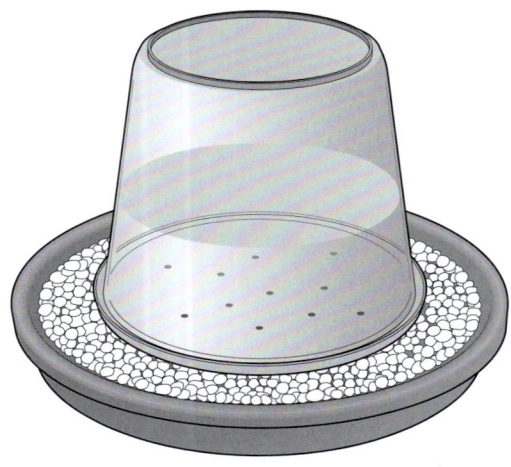

gische Beschaffenheit des Untergrundes und die Art der Bienenbeute berücksichtigt werden. Letztendlich entscheidet jedoch die Entfernung zur Hochspannungsleitung über die auf die Bienen einwirkende Feldstärke. Bei zu nah, das heißt in weniger als 30 Metern Abstand gestellten Völkern konnten erhöhte Aggressivität und allgemeine Unruhe beobachtet werden. Diese Völker verkitten ihre Beuten stärker und besitzen eine größere Neigung zum Schwärmen.

Der Einfluss der deutlich schwächeren Strahlung von Sendemasten für den Mobilfunk ist ebenfalls umstritten. Einige Untersuchungen weisen auf eine Desorientierung der Bienen hin, andere belegen eine starke Reaktion der Bienen in ihren Lautäußerungen. Bei starker Handystrahlung geben sie Geräusche wie bei der Schwarmvorbereitung ab. Aber auch hier ist wie beim Menschen der Schadensnachweis schwierig.

Pflanzenschutzmittel

In der Landwirtschaft, im Gartenbau und im Forst werden verschiedene Mittel zur Abwehr und Bekämpfung von Schädlingen eingesetzt. Inwieweit der Einsatz dieser Mittel sinnvoll und sie durch biologische Bekämpfungsmethoden ersetzt oder im integrierten Pflanzenschutz reduziert werden können, kann hier nicht geklärt werden. Pflanzenschutz- und Schädlingsbekämpfungsmittel können zu unbeabsichtigten Nebenwirkungen bei Bienenvölkern führen. Keine Bedeutung haben hierbei Nematizide, Molluskizide und Rodentizide. Die im Folgenden beschriebenen Gruppen wirken dagegen teilweise oder unter bestimmten Bedingungen bienentoxisch.

Fungizide

Fungizide dienen vor allem der Bekämpfung von Pilzinfektionen bei Pflanzen, Saatgut und Vorräten. In dieser Anwendungsform sind sie nur selten bienengefährlich. Bei Überdosierungen können jedoch besonders die kupferhaltigen Präparate für Bienen toxisch wirken. Bei den wenigen als bienengefährlich eingestuften Fungiziden handelt es sich meist um Mischpräparate mit Insektiziden. Die zur Holzimprägnierung verwendeten Fungizide sind dagegen in Regel für Bienen giftig.

Herbizide

Herbizide werden zur Vernichtung der sogenannten Unkräuter- oder Wildkräuter eingesetzt. Ein wesentlicher Schaden für Bienen und andere Insekten besteht in der Vernichtung wichtiger Trachtquellen, die in Form von Läppertrachten für die Entwicklung und das Überleben der Bienenvölker von großer Bedeutung sind.

Zu diesen Wirkstoffen gehört Glyphosat, das in über 80 verschiedenen Unkrautvernichtungsmitteln enthalten ist. Es wird im Gartenbau und zur pfluglosen Bewirtschaftung von Ackerflächen eingesetzt. Inzwischen ist es fast überall in der Nahrung zu finden und soll auch zu schwersten Erkrankungen beim Menschen führen.

Inwieweit auch Bienen oder deren Brut geschädigt wird, ist umstritten, aber wahrscheinlich. Dagegen können Blattherbizide, vor allem wenn sie ätzend wirken, direkt Bienenschäden verursachen. Diese Mittel

Gut zu wissen

Während der Winterruhe sind die Bienenvölker besonders lärm- und erschütterungsgefährdet. Wegen der entstehenden Unruhe nehmen die Völker verstärkt Futter auf, was Ruhr und Nosemose zur Folge hat. Bei extrem starken Schwingungen können Bienen sogar von der Wintertraube abfallen und erstarren.

verätzen die Pflanze und können Bienen, die damit in Kontakt kommen abtöten. Besonders bienengefährlich sind die Nitrophenole, die in Form der „Gelbspritzmittel" als Insektizide eingesetzt werden. Verschiedene Produkte können die Bienen aber auch indirekt schädigen.

Viele Herbizide gehören zur Gruppe der wachstumsfördernden Phytohormone. Sie werden von der Pflanze über die Blätter und Wurzeln aufgenommen, diese vergeilen daraufhin und sterben ab. Obwohl diese Mittel als bienenungefährlich gelten, kommt es immer wieder zur Meldung von Bienenschäden.

Akarizide

Akarizide werden als Pflanzenschutzmittel gegen Milben verwendet. Die meisten Mittel sind bei normaler Dosierung nicht bienengefährlich, aber besonders im Obst- und Gemüsebau kommt es durch Überdosierungen häufiger zu Bienenschäden.

Insektizide

Insektizide dienen der Vernichtung von Schadinsekten. In gleicher Weise können auch nützliche Insekten vergiftet werden. Neben verschiedenen chemischen Präparaten, die als Kontakt-, Fraß- oder Atemgift wirken, kommen Bakterien und Wachstumshormone zur Anwendung.

Kennzeichnung der Bienengefährlichkeit

Bevor Pflanzenschutzmittel angewendet werden dürfen, muss ihre Wirkung auf Bienen im Labor, in Zeltversuchen und im Freiland geprüft werden. Mit der Zulassung werden sie gemäß der Bienenschutzverordnung einer bestimmten Gefahrengruppe zugeordnet (siehe Tabelle).

Bezeichnungen für die Bienenverträglichkeit von Pflanzenschutzmitteln	
Kennzeichnung	Wirkung auf Bienen
B 1	Bienengefährlich: Diese Mittel dürfen weder in blühende Pflanzen noch von Bienen beflogene nicht blühende Pflanzen (Honigtau) ausgebracht werden; dies gilt auch für Unkräuter.
B 2	Bienengefährlich, ausgenommen bei Abendanwendung: Diese zwar bienengefährlich eingestuften Pflanzenschutzmittel dürfen nach dem täglichen Bienenflug bis 23.00 Uhr angewandt werden.
B 3	Aufgrund der durch Zulassung festgelegten Anwendungen des Mittels (zum Beispiel Saatgutbeizung, Vorratsschutz) werden Bienen nicht gefährdet.
B 4	Diese Mittel sind bis zur höchsten durch Zulassung festgelegten Aufwandsmenge beziehungsweise Aufwandskonzentration als nicht bienengefährlich eingestuft. Höhere Dosierungen können Bienen schädigen.

Wann kommt es zu Vergiftungen?

Zu Schäden kommt es immer dann, wenn bienengefährliche Wirkstoffe entgegen der Bienenschutzverordnung tagsüber in blühende Bestände gespritzt werden. Manchmal passiert das unbeabsichtigt, wenn noch Restbestände in der Tankfüllung verblieben sind. Andere Gründe sind Abweichungen von der empfohlenen Wirkstoffmenge und Abdriften in blühende Kulturen sowie Anwendungen bei blühenden Unterkulturen.

Auch als bienenungefährlich eingestufte Pflanzenschutzmittel können zu Schäden führen, wenn sie tagsüber in blühende Bestände ausgebracht werden. Die als besonders bienenfreundlich geltende Beizung von Samen geriet nach dem Bienensterben im Rheingraben 2008 in Verruf. In diesem Fall waren die hochtoxischen Neonicotinoide wegen unsachgemäßer Beizung der Samen als Stäube direkt in die Luft und auf die Pflanzen geraten. Diese systemisch wirkenden Stoffe können aber auch im Gutationswasser der Pflanze austreten und von den Bienen beim Wasserholen eingesammelt werden.

> **Gut zu wissen**
> Wegen neuer Schädlinge gilt Mais heute als kritische Kultur in Bezug auf potenziell bienengefährliche Pflanzenschutzmittel. Immer schon als kritisch sind großflächige Kulturen mit Apfel, Kirsche und Raps zu sehen.

Wie reagieren Bienen auf Insektizide?

Kommen Bienen mit stark toxischen Stoffen auf Pflanzen oder im Sprühnebel in Berührung, sterben sie meist sofort ab. Der Imker erkennt diesen Verlust an Flugbienen, an abnehmender Flugaktivität und an der Stärke des Bienenvolks. Schaffen die Bienen es noch bis zum Stockeingang, so werden sie wegen des fremden Geruchs von den Wächterbienen abgewiesen. Dann kann es zu heftigen Kämpfen kommen. Meist fallen die Bienen am Boden vor der Flugöffnung durch Zittern und krampfartige Bewegungen auf. Manche erbrechen sich, andere erscheinen wegen der fettlöslichen Begleitstoffe in der Spritzbrühe äußerlich schwarz. Wenn vergifteter Pollen eingetragen wird, treten Vergiftungserscheinungen unregelmäßig auf. Dann tragen die Bienen auch tote Larven und Puppen heraus.

Noch schwieriger sind schleichende oder subletale Schäden nachzuweisen. In Versuchen an Einzelbienen kann man physiologische Defekte bei der Orientierung und im Lernvermögen nachweisen. Häufig ist die Lebenserwartung verkürzt.

Dem Imker fallen solche Schäden oft an den sich schlecht entwickelnden Völkern, aber auch am absonderlichen Verhalten auf. Grundsätzlich kann man Schäden von Pflanzenschutzmitteln nur schwer von krankheitsbedingten unterscheiden. Zum einen können auch kranke Bienen vergiftet werden, zum anderen verstärken manche Wirkstoffe den Ablauf von Krankheiten. Die einzigen einigermaßen sicheren Vergiftungszeichen sind massenhafter Tod und der ausgestreckte Rüssel (siehe Tafel 5/Bild 2).

Wenn der Schadensfall eintrifft

Im Schadensfall geht man nach dem im eigenen Land vorgegebenen Abläufen vor. Proben werden meist an ein zentrales Labor eingesandt. Dort wird zunächst im biologischen Test geprüft, ob die Bienen überhaupt vergiftet wurden. Gleichzeitig werden sie auf Krankheiten als mögliche Ursache der Schäden untersucht. Nur wenn sich der Verdacht einer Vergiftung erhärtet, folgt die sehr kostspielige chemische Analyse auf verschiedene mögliche Gifte.

So wird's gemacht!

Vorgehen beim Schadensfall

Vermutet man einen Schaden, muss man die Beweise möglichst schnell sicherstellen. Unabhängige Personen müssen den Schaden so schnell wie möglich begutachten und Proben nehmen. Nur so kann man eventuell Schadensansprüche geltend machen oder zukünftige Schäden durch Vergiftungen vermeiden.

- Imkerverein, Bienensachverständige und Fachberater informieren
- Zuständige Behörde (meist Landratsamt, Landwirtschaftsamt, Veterinäramt) einschalten
- Schaden durch Bienenfachmann (Bienensachverständiger, Bieneninspektor, Fachberater) aufnehmen Beweise einsammeln: Proben mit 1000 geschädigten Bienen

(100 Gramm) für die Untersuchung im Labor abgeben
- Verdächtige Pflanzenproben vom Beauftragten der Behörde (z. B. Landwirtschaftsberater) für die Untersuchung im Labor sicherstellen lassen

In bereits verwesten Bienen oder zersetzten Pflanzen können sich die Giftstoffe bereits abgebaut haben.

Die Proben getrennt verpacken und schnell, wenn möglich gekühlt, an die Untersuchungsstelle schicken:
- Deutschland: Julius-Kühn-Institut (JKI), Braunschweig
- Österreich: Österreichische Agentur für Gesundheit und Ernährungssicherheit (Ages), Wien
- Schweiz: Agroscope Liebefeld-Posieux (ALP), Bern-Liebefeld

Mit dem Befund kann man dann Schadensersatz einklagen oder den Fall – sofern möglich – über eine Versicherung abwickeln.

Um zukünftig derartige Schäden zu vermeiden, sollte man Kontakt zum Landwirt oder anderen Verursachern suchen. Miteinander reden und sich gegenseitig aufklären, ist in der Regel die beste Vorbeugung. Kommt es trotzdem wiederholt zu Schäden oder die Ursache lässt sich nicht ermitteln, ist zu erwägen, den Standort nicht weiter zu nutzen.

Der Standort für das Überwintern

Der Überwinterungsstandort verträgt nicht mehr als 20 bis 30 Völker, da die Zeit der Einfütterung und die trachtlose Zeit im Herbst besonders kritisch sind. Als Maß für die Zahl der Völker darf man nicht die Ruhezeit mit wenigen Reinigungsflügen nehmen.

Ein geeigneter Standort für den Winter sollte es den Bienen so oft wie möglich erlauben auszufliegen. Deshalb darf sich die kalte Luft nicht am Standort stauen und ein sogenannter Kaltluftsee entstehen. Das Gelände sollte abfallen und nach Süden hin offen sein, damit die kalte Luft so schnell wie möglich abfließen kann. Am besten kontrolliert man dies zur Zeit der Schneeschmelze, denn an einem geeigneten Standort schmilzt der Schnee zuerst.

Ebenso gilt es, übermäßig feuchte Standorte zu meiden. Die Beuten sollten nicht beschattet, aber trotzdem weitgehend vor Winden geschützt sein. Zur ersten Versorgung im Frühjahr muss ausreichend Pollen bei-

So wird's gemacht!

Geeigneter Winterstandort

Der ideale Überwinterungsplatz erlaubt möglichst frühe und häufige Reinigungsflüge. Im Frühjahr bietet er ein ausreichendes Angebot an Pollen und später auch an Nektar für die Aufzucht der ersten Brut.

- Platz ist nach Süden offen
- Kaltluftseen, zum Beispiel in Senken, vermeiden

- Abfließen der Kälte ermöglichen
- Keine oder nur wenig Beschattung
- Windgeschützte Aufstellung
- Am idealen Standort schmilzt der Schnee im Frühjahr zuerst
- Weiden und Obstbäume stehen in der Nähe

spielsweise von Weiden zur Verfügung stehen. Besonders in dieser für Bienenvölker sehr kritischen Zeit führt eine zu große Dichte häufig zu Schäden und Ausfällen.

Viele Reinigungsflüge ermöglichen

In warmen Wintern oder wenn die Brutaufzucht schon im vollen Gange ist, müssen die Bienen vermehrt Kot absetzen. Bei einer Außentemperatur über 12 °C fliegen sie aus. Dabei befreit sich das Volk auch von Infektionsträgern. Durch Varroa und Tracheenmilben, aber auch durch Nosema geschwächte Bienen kehren nicht in den Stock zurück. Häufig krabbeln sie am Boden vor dem Stock. Wenn man die Bienen einsammelt und in die Beute zurückgibt, schadet man dem Volk besonders. Eine Rückkehr darf man ihnen auch nicht mit Aufstiegshilfen ermöglichen, diese sind höchstens während der Tracht sinnvoll.

Häufige Reinigungsflüge sind möglich, wenn die Bienen direkten Kontakt zum Kleinklima in der Umgebung haben. Somit ist es vorteilhaft, das Flugloch auf ganzer Breite zu öffnen und wenn möglich, den Boden offenzulassen. Erst wenn die Brutaufzucht im Frühjahr zunimmt, kommt der Schieber wieder hinein.

Geringe Beutenisolation

Im Winter ziehen sich die Bienen schnell zu einer Traube zusammen. Die Wärmeregulation in der Wintertraube ist darauf ausgerichtet, dass die Temperatur an der Traubenoberfläche nicht unter die Kältestarre der Bienen von 9° bis 10 °C sinkt. Die Bienen wärmen also nicht den Raum, sondern die Traube. Daher ist eine zusätzliche Isolation der Beute sinnlos.

Ebenso ungünstig wie eine hohe Beutenisolation wirkt es sich aus, wenn die Beuten Kastenwand an Kastenwand aufgestellt werden. Oft suchen die Bienen dann die Wärme des Nachbarn und bilden die Wintertraube weit entfernt vom Flugloch. Doch dadurch ist der Austausch von Luft geringer und der Kontakt nach draußen geht verloren. Auch hier wirkt sich das gegenseitige Wärmen erst mit zunehmender Brutaufzucht günstig aus.

EU-Ökoverordnung

In der EU-Ökoverordnung werden bei der Wahl des Standortes keine Faktoren erwähnt, die einen Einfluss auf die Bienengesundheit und den Tierschutz haben, wie Klima, Beschaffenheit, Bienendichte und Versorgung der Völker. Wie nicht anders zu erwarten, stehen Fragen einer möglichen Belastung der Lebensmittel mit Rückständen im Vordergrund. So fordert die EU-Ökoverordnung, dass im Umkreis von drei Kilometern im Wesentlichen Ökokulturen, Wildpflanzen bzw. Flächen mit geringer Umweltbelastung (beispielsweise bei Agrarumweltmaßnahmen) vorkommen. Die Bezeichnung „im Wesentlichen" könnte man mit mindestens 50 % interpretieren. In Anbetracht der Tatsache, dass von der Gesamtagrarfläche nur 16 % in Österreich und 12 % in der Schweiz und 5 % in Deutschlands als Ökolandbau-Fläche ausgewiesen sind, dürfte es trotzdem sehr schwerfallen, im Flugkreis der Bienen von bis zu drei Kilometern Flächen mit überwiegend ökologischem Landbau zu finden. Auch wenn man davon ausgehen kann, dass die meisten Flugbienen nur im Umkreis von zwei Kilometern unterwegs sind und im Umkreis von 500 Metern eine Tracht intensiv genutzt wird (Bestäubungsradius), wird die Forderung nur selten zu erfüllen sein. Das Verbot der Anwande-rung von Flächen mit intensiver Landwirtschaft, vermindert die Gefahr von Rückständen allerdings deutlich. Einfacher ist dies für naturbelassene Flächen, auch wenn diese Flächen aufgrund der Förderung nachwachsender Rohstoffe immer kleiner werden. In neuerer Zeit rückt immer mehr das Problem genveränderter Pflanzen in den Vordergrund. Seitdem die Europäische Union genveränderte Pflanzen zugelassen hat, wird die Situation je nach Anbau regional sehr unterschiedlich sein. Hierdurch wird für den Bio-Imker die Wahl des Standortes noch schwieriger. Gilt doch im Bio-Honig die Nulltoleranz, während man sich beim konventionellen Honig wegen des geringen Gehalts an Pollen (< 0,9 %) auf die „Nichtdeklarierungspflicht" zurückziehen kann.

Bleibt ein Trost, zumindest die meisten Standorte für Waldhonig sind unproblematisch. Die EU-Ökoverordnung nimmt daher Standorte ohne Pflanzenblüte ausdrücklich von Einschränkungen aus. Dies gilt ebenso für den Standort zur Überwinterung, obwohl dessen Nutzungsdauer sehr unterschiedlich ist und manche Entwicklungstracht im Frühjahr durch Umtragen später wieder in den Honigraum gelangen kann.

Bio-Verbände

Während die EU-Ökoverordnung keine Angaben zur Zahl der Völker pro Standort macht, fordern alle Verbände, dass nur so viele Völker an einem Standort aufgestellt werden dürfen, dass eine ausreichende Versorgung mit Pollen, Nektar und Wasser erfolgen kann. Naturland fordert zusätzlich, dass eine ganzjährige Standorttreue anzustreben sei. Dadurch wird die Zahl der möglichen Standorte weiter eingeschränkt.

Bioland präzisiert den Standort insofern, dass die Völker grundsätzlich nur an ökologisch bewirtschafteten Flächen aufgestellt werden dürfen und nicht an intensiv landwirtschaftlich genutzten.

Naturland verbietet die Vermarktung von Honig unter dem Verbandszeichen, wenn beispielsweise in Sortenhonigen die Trachtanteile aus konventionellem Anbau über das unvermeidliche Maß hinausgehen. Die Angabe „unvermeidlich" sollte nicht mit „nicht überwiegend" interpretiert werden. Dies wäre eine Auslegung, die dem Anspruch des Verbrauchers beim Kauf von Ökoprodukten nicht gerecht würde.

Bei der Gewinnung von Pollen schließen alle Verbände Kulturen aus, auf denen Pestizide in die Blüte gespritzt werden, sowie auch Trachtgebiete, in deren Nähe sich Industrieanlagen und Autobahnen befinden. In kritischen Fällen oder bei Verdacht einer Belastung fordern sie zur Abklärung des Standortes die chemische Rückstandsuntersuchung der Lebensmittel. Dies ist sicher notwendig, da weder Deutschland, Österreich noch die Schweiz bisher, wie in der EU-Ökoverordnung vorgesehen, ungeeignete Gebiete ausgewiesen haben. Bioland sieht dies als Aufgabe der Kontrollstelle, denn von dieser als ungeeignet eingestufte Gebiete dürfen nicht genutzt werden. Bei allen Verbänden muss der Standort der Völker des vergangenen Jahres auf einer Landkarte oder anhand der GPS-Daten angegeben sowie Zeitraum, Tracht und Völkerzahl genau festgehalten werden. Der häufig erhobene Vorwurf der konventionellen Imker „unsere Bienen fliegen auf dieselben Felder" ist daher nur bedingt richtig. Der Bio-Imker kann nur selten größere ökologisch bewirtschaftete Rapsflächen anwandern, denn nur etwa 3.500 Hektar Bio-Raps stehen hier 1,5 Millionen Hektar im konventionellen Bereich gegenüber. Dafür sind neben dem nicht attraktiven Preis vor allem ungelöste pflanzenbauliche Probleme verantwortlich. Rapshonig mit Ökosiegel dürfte daher eher selten im Angebot des Öko-Imkers sein. Ebenso sind die meisten größeren Obstanlagen für den Öko-Imker tabu. Die Standorte zur Waldtrachtnutzung werden sich dagegen nur selten unterscheiden. Nicht alles lässt sich überprüfen, auch wenn die über Satelliten kontrollierte Nutzung der Agrarflächen manche Standortprobleme schnell deutlich macht.

Der Öko-Imker trägt trotzdem eine nicht unerhebliche Verantwortung. So wird man, wenn man seine Bienenvölker neben eine blühende Wiese stellt, aber im näheren Flugkreis größere konventionell bewirtschaftete Rapsflächen die Bienen locken, zwar der Verordnung eventuell gerecht, nicht aber dem Anspruch seiner Kunden.

Bio-Check: Standort										
Bereich	Vorschrift	EU	Verbände							
			BK	BL	DE	EL	NL	Gä	BA	BS
Standflächen[1]	Bevorzugt ökologisch bewirtschaftete und naturbelassene Flächen	X	X		X[3]	X	X	X	X	X
	Wenn direkt an landwirtschaftlichen Flächen, dann ökologisch bewirtschaftet			X						
Umkreis 3 km[1]	Keine nennenswerte Beeinträchtigung der Bienenprodukte durch landwirtschaftliche und nichtlandwirtschaftliche Verschmutzungsquellen	X	X	X			X	X	X	X
	Bei Verdacht der Belastung Untersuchung der Bienenprodukte, Bienenstand eventuell aufgeben		X	X	X		X	X	X	
	Intensivkulturen meiden, sonst nicht unter Bio-Warenzeichen vermarkten		X[2]	X[2]			X			
	Gezielte Anwanderung von konventioneller Intensivkulturen ist nicht erlaubt		X	X		X	X			
	Völkerzahl richtet sich nach Versorgung mit Pollen, Nektar und Wasser		X	X	X		X			
	Pollengewinnung nur, wenn Pestizide nicht in Blüte gespritzt		X	X		X				
Überwinterungsstandort	Ganzjährigen Standort anstreben						X			

[1] außer auf Standorten ohne Pflanzenblüte und in der Ruhezeit (Winter)
[2] gezielte Anwanderung von konventioneller Intensivlandwirtschaft nicht erlaubt
[3] Am Überwinterungsplatz müssen im Umkreis biologisch dynamische Präparate ausgebracht werden
EU = EU-Ökoverordnung / BK = Biokreis / BL= Bioland / DE= Demeter / EL= Ecoland / NL= Naturland / Gä= Gäa /
BA = Bio Austria / BS= Bio Suisse
(Vorstellung der Verbände auf Seite 156)

Qualitätshonig reif, naturbelassen und unverfälscht

Bienen sammeln Nektar auf Blüten. Über fünf Millionen Blüten müssen besucht werden, um in 20.000 Flügen drei Kilogramm Nektar einzutragen. Im Volk wird daraus ein Kilogramm Honig. Zunächst übergibt die heimkehrende Biene das hervorgewürgte Sammelgut an Stockbienen, die es weiter verarbeiten. Am Ende soll ein über Monate haltbarer Honig eingelagert werden, damit das Volk die Wintermonate gut übersteht.

Die Honigqualität im natürlichen Nest

Auch im wildlebenden Volk wird neben Nektar der von Läusen abgegebene Honigtau gesammelt. Diese Nahrungsquelle spielt hier aber nur eine untergeordnete Rolle. Schließlich hat das Volk bereits im Frühjahr und Sommer genügend Honigvorräte für den Winter angelegt. Honigtau dient dem Wildvolk höchstens als Zubrot, das schnell verbraucht, aber selten eingelagert wird. Probleme mit hohem Mineralstoffgehalt oder dem Festwerden von Melizitose-Honig gibt es dort somit nicht oder nur selten.

Der eingetragene Nektar hat im Durchschnitt einen Wassergehalt von 70 %. So ist er nicht haltbar. Ihm muss Wasser entzogen werden. Zum „Reifen" des Honigs würgen die Bienen den Nektar immer wieder hervor und setzen ihn der Luft aus. Dadurch verringert sich sein Wassergehalt immer mehr, bis 20 % und weniger erreicht sind.

Mit den gleichzeitig abgegebenen Speicheldrüsensekreten gelangen Enzyme in die Flüssigkeit, die unter anderem die Mehrfachzucker aufspalten. Außerdem bilden sich Gluconsäure und Wasserstoffperoxid. Dadurch sinkt der pH-Wert und der nun saurere Honig wird haltbarer. Sobald er nach ein bis drei Tagen reif ist, wird er in der Wabenzelle mit einem mehr oder weniger wasser- und luftdurchlässigen Wachsdeckel konserviert. Die Vorräte eines Wildvolks bestehen somit immer aus hochwertigen Honig mit einem Wassergehalt von 16 bis 20 %.

Honig ernten in der Imkerei

Für den Imker besteht das Problem darin, den richtigen Zeitpunkt für die Ernte des Honigs zu finden, denn seine Qualität hängt besonders vom Reifegrad ab. Wie die Bienen erkennt der Imker dies an den verdeckelten Honigzellen. Sind mindestens zwei Drittel der Wabenfläche verdeckelt, liegt der Wassergehalt meist unter 18 %. Doch Vorsicht, bei Massentrachten oder hoher Luftfeuchtigkeit in der Umgebung kann er auch darüber liegen. Am besten bestimmt man mit einem Refraktometer, ob der Honig reif ist. Ein Handrefraktometer gehört heute zur Ausstattung eines jeden Imkers. Wenn die Waben noch nicht so weit verdeckelt sind, der Nektar gar noch spritzt, ist Geduld gefragt.

Die Honigwaben entnimmt man am besten morgens, damit der Honig über Nacht von den Bienen bearbeitet werden konnte und die Gefahr von Räuberei geringer ist. Auch hier achtet man darauf, nur natürliche Rauchmaterialien zu verwenden (siehe S. 59). Repellents oder andere

Gut zu wissen
Sobald die Waben nicht mehr in der Obhut und Hygiene des Bienenvolkes stehen, liegt alles Weitere in der Verantwortung des Imkers. Auf Sauberkeit muss vom Wabenlager bis zum fertigen Verkaufsgebinde geachtet werden. Dass auch hier alles bienendicht sein muss, damit nicht geräubert wird, steht außer Frage.

stark riechenden Stoffe sind sowieso tabu. Ebenso sollten die Waben für die Bienen so schonend wie möglich entnommen werden (siehe S. 55).

Die Gewinnung

Mit der Honigernte begibt man sich nun endgültig in den Bereich der Verarbeitung von Lebensmitteln. In der Honigverordnung, der Lebensmittelhygieneverordnung und dem Lebensmittelbuch sind Einzelheiten und Vorschriften aufgeführt.

Je nachdem in welchem Umfang man Honig produziert und vermarktet, werden die Ansprüche steigen. Ausnahmen gibt es nur bei der Primärproduktion für den privaten häuslichen Gebrauch und die Abgabe von Primärerzeugnissen durch den Erzeuger an den Endverbraucher oder lokale Einzelgeschäfte. Dies trifft in Deutschland, der Schweiz und Österreich sicher für über 90 % der Imker zu. Deshalb werden hier nur die bereits reduzierten Anforderungen aufgeführt.

Hygiene geht vor

Sobald die Deckel von den Zellen entfernt werden, ist äußerste Sauberkeit oberstes Gebot. Wer keinen speziell eingerichteten Schleuderraum zur Verfügung hat, muss einen Raum wählen, in dem Wände, Böden und Decken leicht zu reinigen sind. Fliesen und Arbeitsflächen aus Edelstahl wären ideal. Werden die Räume auch sonst anderweitig genutzt, ist dies während der Honigverarbeitung nicht möglich. Quellen für Verschmutzung, geruchliche oder geschmackliche Veränderungen etwa durch Abfall, Zimmerpflanzen und Lagergut müssen vorher entfernt werden. Klar ist auch, dass der Raum frei von Ungeziefer und für Haustiere unzugänglich sein muss. Man selbst trägt einen sauberen, am besten weißen Kittel, gereinigte Schuhe und einen Haarschutz. Letzterer ist bei Imkern am wenigsten beliebt, aber trotzdem notwendig.

Alle bei der Gewinnung und Verarbeitung des Honigs verwendeten Geräte und Behälter müssen aus lebensmittelechten Materialien bestehen. Besonders eignen sich Edelstahl, Glas und Keramik. Aber auch manche Kunststoffe sind zugelassen (siehe S. 28). Vor Gebrauch müssen sie gut gereinigt und gegebenenfalls desinfiziert werden. Dabei dürfen auch schwer zugängliche Stellen wie der Schleuderkorb oder Ablaufhähne nicht vergessen werden. Man lässt alles an der Luft trocknen, damit keine Fusseln der Reinigungstücher in den Honig gelangen.

Entdeckeln

Bevor man den Honig schleudern kann, muss man die Wachsdeckel entfernen. Ja nach Umfang der Arbeit kann man zwischen verschiedenen Methoden wählen. Bei dem wohl ältesten Verfahren wird eine Entdeckelungsgabel möglichst flach über die Wabe geführt, um die Zellen so wenig wie möglich zu zerstören und nur wenig Honig mitzureißen. Dies ist sicher die sauberste und einfachste Art, um einen naturbelassenen Honig zu ernten. Das Ganze ist aber so mühevoll, dass man es sich wohl nur in einer kleinen Imkerei auf Dauer leisten kann.

Ein mit Elektrizität oder Dampf beheiztes Messer ist bei Profis sehr beliebt und ermöglicht ein schnelles und zügiges Entdeckeln. Dies gilt

So wird's gemacht!

Entdeckelungsgabel

Entdeckelungsgabel möglichst flach über die Wabe führen, um die Zellen so wenig wie möglich zu zerstören und nur wenig Honig mitzureißen.

Vorteil:
- Zellen werden wenig zerstört
- Wenig Honig gelangt in Entdecklungswachs
- Günstiger Anschaffungspreis

Nachteil:
- Arbeitsaufwendig und mühsam

Entdeckelungsmesser

Die Zelldeckel werden mit einem mit Wasserdampf oder Elektrizität beheizten Entdeckelungsmesser oder einem kalten gezähnten Messer abgeschnitten

Vorteil:
- Zügiges Arbeiten besonders bei Dickwaben

Nachteil:
- Viel Honig und Wachs in der Wanne

besonders für Dickwaben. Es bleiben oft größere Mengen Honig und Wachsdeckel in der Wanne zurück, was allerdings mit einer Schleuder für Entdeckelungswachs getrennt und zurückgewonnen werden kann (siehe S. 48).

Häufig wird eine starke Heißluftpistole verwendet. Dabei wird zunächst die Luft unter dem Zelldeckel erhitzt und sprengt ihn weg. Ohne Lufteinschluss schmilzt er zur Seite weg und bildet am Zellrand eine Wulst. Da bleibt dann mancher Honig in der Zelle. Bei bebrüteten Waben, die allerdings nichts im Honigraum verloren haben, funktioniert diese Art der Entdeckelung nicht. Bedenklich ist, wenn zu viel Wachs in den Honig gelangt. Zuerst zeigt sich dies an verstopften Sieben. Vorsicht ist auch bei Waben mit teilweise offenen Honigzellen angezeigt. Hier wird der Honig überhitzt und verliert an Qualität.

Am besten werden nur junge, unbebrütete und vollständig gedeckelte Waben mit Heißluft bearbeitet. Ein Nachteil bleibt: Man erhält kein frisches und meist rückstandsarmes Entdeckelungswachs für die Mittelwände. Für den, der sowieso nur mit Naturwabenbau arbeitet, ist das gleichgültig. Es bleibt aber das ungute Gefühl, sich mit dem Erhitzen ein Stück weiter vom naturbelassenen Honig entfernt zu haben. Jeden-

So wird's gemacht!

Heißluftpistole

Mit einer Heißluftpistole wird die Luft unter den Wachsdeckeln erhitzt und dieser weggesprengt.

Vorteil:
- Schnelles, leichtes Arbeiten
- Günstig als Handwerkerbedarf

Nachteil:
- Nur bei jungen Waben erfolgreich
- Honig kann leicht überhitzen
- Wachs kann sich mit Honig mischen
- Kein Entdeckelungswachs für Mittelwände

falls erfordert das Entdeckeln mit Wärme viel Fingerspitzengefühl und Erfahrung.

Maschinelles Entdeckeln

Dieses Verfahren beansprucht sicher am wenigsten Arbeitskraft und Zeit. Die Waben werden meist bis auf den Rahmen abgehobelt, was viel Wachs produziert. Die sehr feinen Wachsstückchen müssen mit zusätzlichem Arbeitsaufwand herausgeholt werden, da herkömmliche Siebe oft versagen.

Beim Heidehonig wird man ohne das vorherige Stippen, egal ob von Hand oder mit der Maschine, nicht auskommen, denn wegen seiner gelartigen Konsistenz klebt er in den Zellen. Beim Stippen werden Stifte auf Walzen oder ähnlichen Geräten mehrfach in die Honigzelle gedrückt, bis sich der Honig kurzzeitig löst. Auch beim Melezitose-Honig, solange er noch nicht zementiert ist, hat sich dieses Verfahren bewährt (siehe dort S. 102).

Entdeckelungswachs

Das Entdeckelungswachs (Honig-Wachs-Gemisch) ist je nach Art der Gewinnung unterschiedlich stark mit Honig vermischt. Man kann es entweder abtropfen lassen oder in einem Netzbeutel ausschleudern. Das Auspressen und Zentrifugieren erfordert zusätzlichen apparativen Aufwand und lohnt sich sicher nur im größeren Betrieb.

Honig schleudern

Aus stockwarmen Waben fließt der Honig am schnellsten. Man verarbeitet ihn am besten spätestens innerhalb von ein bis zwei Tagen nach der Ernte. Nach den Leitsätzen des Deutschen Lebensmittelbuches für Honig darf dabei keine Wärme zugeführt werden. Wenn es draußen kühl ist, sollte man den Raum entsprechend wärmen.

Die Waben werden entweder radial wie die Speichen eines Rades oder tangential, also parallel zu den Wänden der Schleuder, ausgeschleudert. Je nach Schleudertyp werden die Waben manuell oder automatisch gewendet. Die Größe der Schleuder richtet sich nach dem Umfang der anstehenden Arbeit. Um Wabenbruch zu vermeiden, schleudert man immer langsam an. Bei tangentialer Anordnung schleudert man zunächst die eine Seite an und dann die zweite vollkommen aus, bis man auch die erste Seite komplett ausgeschleudert hat.

So wird's gemacht!

Maschinelles Entdeckeln

Die Wabenoberfläche wird maschinell abgehobelt.

Vorteil:
- Schnelles Arbeiten
- Wenig arbeitsintensiv
- Bei größeren Mengen wirtschaftlich

Nachteil:
- Waben werden oft bis zum Rahmen abgehobelt
- Feine Wachsstücke müssen aus dem Honig entfernt werden
- Hohe Anschaffungskosten

Honig sieben

Der aus der Schleuder auslaufende Honig enthält noch zahlreiche Wachskrümel und eventuell Bienenteile. Da hilft zum Beispiel das Sieben. Der Honig kann auch vorgeklärt und die aufgestiegenen Wachsteile entfernt werden. Anschließend wird bei beiden Methoden die nach 24 Stunden an die Oberfläche gelangte Schaumschicht abgehoben. Anschließend wird der Honig noch gerührt oder gleich abgefüllt.

Beim Sieben würde mancher gerne mit Wärme nachhelfen. Nach den Leitsätzen des Deutschen Lebensmittelbuches für Honig darf auch bei diesem Prozess keine Wärme zugeführt werden. Das Erwärmen der Schleuder von außen oder durch eine Heizspirale im Boden ist daher nicht zulässig. Ob das Erwärmen des Schleuderraums eine Wärmezufuhr ist, bleibt offen. Wenn man den Honig über die Nesttemperatur des Bienenvolks von 35 °C erwärmt, stellt sich die Frage, ob er dann noch oder ab welcher Temperatur darüber er noch als „naturbelassen" gilt.

Eindeutig ist dies dagegen bei der industriellen Honiggewinnung, wenn in möglichst kurzer Zeit viel Honig durch sehr feine Filter geleitet werden muss. Das funktioniert nur, wenn man ihn kurzfristig auf 70 °C und mehr erwärmt. Das Produkt bleibt dann nahezu unbegrenzt flüssig, da es keine Kristallisationskeime mehr enthält.

Gefilterter Honig

Mit noch feineren Filtern kann man dem Honig den eiweißhaltigen Pollen entziehen. Damit ist seine Herkunft nicht mehr mit Hilfe der Pollenanalyse bestimmbar. Allerdings dürfen dann Herkunft und Sorte nicht mehr angegeben werden. Dieser über einen langen Zeitraum deutlich cremigere Honig eignet sich so auch für Pollenallergiker. Zudem enthält er keinen Pollen von genveränderten Pflanzen. Als naturbelassen kann man gefilterten Honig aber sicher nicht mehr bezeichnen und es muss auf jedem Fall „gefilterter Honig" auf dem Etikett stehen.

Waben ausschneiden

Am einfachsten erntet man den Honig, indem man die gedeckelten Waben ausschneidet. Laut Honigverordnung dürfen dazu nur brutfreie frisch ausgebaute Waben oder Honigwaben aus feinen Mittelwänden verwendet werden. Der Begriff „fein" ist zwar nicht näher beschrieben, aber jeder, der Scheibenhonig mit Mittelwand gekaut hat, weiß, wo die Grenze des guten Geschmacks liegt.

Waben pressen

Aus brutfreien Waben gepresster Honig kann ohne und als einzige Ausnahme auch mit Erwärmung bis maximal 45 °C gewonnen und als Presshonig vermarktet werden. Nur Edelstahlpressen sind hierfür geeignet. Gepresster Honig enthält mehr Sedimentanteile und gärt schneller als geschleuderter.

Waben austropfen

Tropfhonige gewinnt man aus zerkleinerten Waben. Entweder werden sie nur zerschnitten oder bis zu einem Honig-Wachsbrei zerkleinert. Wärme

Gut zu wissen

Teilweise zerstörte Waben sollte man nicht wieder verwenden. Zum einen mutet man den Bienen mit der Reparatur unnötige Arbeit zu, zum anderen programmiert man so bereits Probleme bei der nächsten Ernte mit dem Entdeckeln vor.

Gut zu wissen

Wer im Honigraum mit Naturwabenbau arbeitet, kann die Waben ohne Probleme als hochwertigen Waben- oder Scheibenhonig vermarkten. Doch auch hier sollten die Waben nicht schon mehrfach verwendet worden sein.

So wird's gemacht!

Tropfhonig

Will man besonders hochwertigen Honig gewinnen, hat keine Schleuder oder nur wenig Raum für die Bearbeitung, kann man ihn als Tropfhonig ernten.

- Entdeckelte Wabe mit Oberträger nach unten in Abtropfwanne stellen
- oder zerkleinerte Waben in Sieb oder Seihtuch geben
- Den auslaufenden Honig in einem Behälter auffangen
- Bei 24 bis 26°C ist der Honig innerhalb von 24 Stunden ausgelaufen

darf nicht zugeführt werden. Bei höheren Temperaturen bestünde zudem die Gefahr, dass das Wachs schmilzt und den Honig einschließt. Das Produkt kann man als Honig oder, um die besonders schonende Ernte herauszustellen, als Tropfhonig deklarieren. Diesem Honig wurde bei der Ernte nur wenig Sauerstoff zugeführt, dadurch gleicht er dem direkt aus der Wabe geschleckten am meisten.

Melizitose-Honig ernten

In manchen Jahren stehen die Imker vor dem Problem, dass viel Zement- oder Melizitose-Honig in den Waben bleibt und man ihn kaum, manchmal gar nicht ausschleudern kann. Verschiedene Verfahren sind im Umlauf, wie man diesen Honig trotzdem ernten oder zumindest weiterverarbeiten kann. Das Umtragen des Honigs durch die Bienen scheint am besten zu funktionieren. Hilft auch das nicht, kann man den mit Wasser herausgelösten Honig noch zu Met verarbeiten.

Kritisch muss aber das Schmelzen des Honigs mit Wachs gesehen werden. Der so gewonnene Honig ist in jedem Fall geschmacklich beeinträchtigt. Noch im 19. Jahrhundert war es üblich, Honigwaben einzuschmelzen und später in Wachs und Honig zu trennen.

Um sich von diesem „Seimhonig" abzugrenzen, führte man später die Kennzeichnung „kaltgeschleudert" ein. Damit sollte auf eine besonders schonende Schleuderung, Abfüllung und Lagerung hingewiesen werden. Nach den bis 2011 geltenden Leitsätzen des Deutschen Lebensmittelbuchs war diese Bezeichnung möglich. Inzwischen ist der Gesetzgeber zu der Auffassung gelangt, dass dies selbstverständlich sei und daher nicht zusätzlich ausgelobt werden könne.

Honigpflege: Klären, Rühren

Mit Ausnahme des Wabenhonigs müssen alle gewonnenen Honige nach der Ernte gefiltert und geklärt werden. Will man die Feinstfilterung umgehen, kommt man um das zeitaufwendige Klären des Honigs nicht herum.

Der gesiebte Honig wird in einen größeren Behälter gefüllt, um ihn zu klären und zu rühren. Nach 24 Stunden wird mit einem Teichschaber oder ähnlichen Werkzeugen, die an die Oberfläche gelangte Schaumschicht abgehoben.

Honige kandieren je nach dem Gehalt an Traubenzucker (Glukose) unterschiedlich, je höher der Anteil desto schneller. „Akazien-" oder genauer Robinienhonig ist einer der wenigen Honige, der selbst nach vielen Jahren noch flüssig ist, manche Rapshonige sind schon nach wenigen Tagen kandiert.

Reine Rapshonige werden nach vier Tagen zu einer steinharten Masse, die mit den am Frühstückstisch vorhandenen Werkzeugen kaum zu bearbeiten ist. Um daraus einen streichfähigen Honig zu erzielen, muss man seine Kristallisationskeime zerschlagen und ihn nach der Klärung rühren. Rapshonig wird so lange gerührt, bis er eine perlmuttartige schimmernde Färbung angenommen hat.

Sommerblütenhonige kandieren je nach Zusammensetzung erst nach 14 Tagen zu groben Kristallen. Eine feine Kristallisation erreicht man durch Impfung mit 5 bis 10 % sehr feinkristallinen, gut fließendem Blütenhonig während des Rührens. Luftblasen und eventuell noch vorhandene Verunreinigungen werden dabei entfernt.

Nach der Honigverordnung ist die Zugabe von Honig zum Honig ausdrücklich erlaubt. Inwieweit man vor allem Waldhonig durch Zugabe von Blütenhonig auf einen Gehalt von 60 % streckt, ist Einstellungs- und Geschmacksache, nicht nur des Konsumenten, sondern auch den eigenen Ansprüchen dem Kunden gegenüber.

Abfüllen

Honig füllt man am besten direkt in die Verkaufsgebinde ab, dann muss man ihn nicht zum erneuten Abfüllen mit Wärme flüssig machen. Bei größeren Honigmengen wird man dabei aber auf logistische Probleme stoßen. Man füllt ihn dann besser in luftdichte Lagergefäße aus lebensmittelechten Materialien, die idealerweise stapelbar sind.

Das Lagern

Die Sorge um die Qualität des Honigs bleibt, auch wenn er in Behältern abgefüllt gelagert werden soll. Nicht jeder Raum ist hierzu geeignet. Da der Honig Wasser anzieht (hygroskopisch), müssen die Behälter luftdicht und die Lagerräume möglichst trocken sein. Denn durch die Aufnahme von Wasser bildet der Honig Blasen und Schaum. An dieser Gärung sind Hefen und Bakterien beteiligt.

Der Lagerraum sollte gleichmäßig temperiert und möglichst dunkel sein. Bei Temperaturen über 18 °C kann sich der Honig entmischen und der wässrige Überstand fängt an zu gären. Ideal sind Temperaturen unter 15 °C und weniger als 55 % relativer Luftfeuchte. Auch hier gilt: Nicht schätzen, sondern messen.

Zu jeder Lagerhaltung gehört eine gewisse Logistik. Man wird vorne immer die älteren oder kritischen Partien lagern. Nach der Lebensmittelhygieneverordnung müssen Ein- und Auslagerung, Menge, Kennzeichnung und Wassergehalt in einem Lagerbuch vermerkt sein. Dies setzt eine klare Kennzeichnung der Lagerbehälter voraus. Auf einem sichtbar angebrachten Blatt sind das Datum von Kontrollgängen sowie die gemessene Temperatur und Luftfeuchtigkeit anzugeben. Ebenso sind Auffälligkeiten wie Schädlingsbefall und Abhilfen zu vermerken.

Gut zu wissen

Verdorbenen Honig sollte man nicht im Bienenvolk entsorgen, denn ein hoher HMF-Gehalt, bei Wärme baut sich Fruktose zu Hydroxymethylfurfural ab, schädigt die Bienen. Auch die bei Gärung entstandenen Hefen belasten die Bienen und landen wieder im schleuderbaren Honig. Man kann die Hefen durch starkes Erhitzen abtöten, doch als Lebensmittel ist das Produkt gar nicht und für Bienen kaum geeignet.

Das Einfrieren

Manche frieren ihren Honig auch ein, da er so nahezu unbegrenzt haltbar ist. Mal abgesehen von dem großen energetischen Aufwand, muss man aus Sicht des Verbrauchers fragen, ob dieser Honig nicht wie andere Lebensmittel mit „für den Verzehr aufgetaut" gekennzeichnet werden müsste. Hier gehen die Meinungen weit auseinander, am Ende entscheidet der eigene Anspruch auf Ehrlichkeit gegenüber dem Kunden.

Das Verflüssigen

Je nach Sorte kristallisiert Honig nach einer gewissen Zeit aus. Hat man ihn nicht bereits nach dem Schleudern in die Verkaufsgebinde abgefüllt, muss man ihn durch Erwärmen wieder verflüssigen. Enzyme werden bei Temperaturen über 40°C zerstört. Kurzeitiges Erhitzen auf 55°C verändert den HMF-Gehalt nur wenig. Ebenso bleiben die bei der Lebensmittelkontrolle als „Leitenzyme" gemessenen Gehalte von Diastase und Invertase nahezu unverändert.

Unbestritten ist aber auch, dass Enzyme wie alle Proteine bei Temperaturen über 40°C denaturieren. Keiner kann daher garantieren, dass nicht andere, eventuell nur in Spuren vorhandene Enzyme oder andere Proteine verändert werden. Daher sollte man diesen Honig nicht als „naturbelassen" vermarkten.

Will man den Honig zum Abfüllen erwärmen, muss man besonders auf die gleichmäßige Verteilung der Wärme achten. Besonders an der Wandung des Behälters überschreitet man sonst schnell 40°C (siehe Tafel 2/Bild 2). Bei größeren Honigmengen lohnt sich in jedem Fall die

So wird's gemacht!
Honig verflüssigen

Wasserbad
Der Honig wird im Wasserbad auf maximal 38° bis 40°C erwärmt.
Vorteil:
• Kostengünstig

Nachteil:
• Ständige Aufsicht notwendig
• Häufiges Rühren
• Nur für kleine Mengen geeignet

Wärmeschrank
Der Behälter wird in einen Wärmeschrank bei 35 bis 38°C gestellt.
Vorteil:
• Wenig arbeitsintensiv

• Keine ständige Überwachung
Nachteil:
• Hohe Anschaffungskosten
• Zeitaufwendig

Wärmegerät
Aus einem mit Heizspirale versehenen Gerät wird der Honig abgefüllt.
Vorteil:
• Schnelles Arbeiten

• Wenig arbeitsintensiv
Nachteil:
• Hohe Anschaffungskosten

Anschaffung eines Wärmeschranks oder eines Geräts zum Verflüssigen, das die Temperatur zwischen 30 und 40 °C konstant hält. Die Mikrowelle eignet sich nicht zum Auftauen von Honig, da hier neben anderen Enzymen vor allem Invertase schnell zerstört wird.

Kristalliner Honig

Oft wird der Honig zum Verkauf verflüssigt, da viele Kunden mit Honig immer noch eine zähfließende Masse verbinden. Hier kann Aufklärung helfen: Kristallisation als besonderes Zeichen der Naturbelassenheit kann ebenso wie das typische Kristallisationsverhalten von Sortenhonigen als Argument angeführt werden.

Ein Verbraucher, der weiß, dass Honige mit hohem Traubenzuckergehalt (Glukose) wie Frühjahrshonige schneller auskristallisieren als etwa Waldhonige mit niedrigem, wird festen Honig als normal ansehen. Nicht zuletzt hält sich fester Honig auch besser auf dem Brot, im Müsli dagegen verteilt sich der dünne flüssige Akazienhonig am besten.

Honig vermarkten

Einen reifen, naturbelassenen und unverfälschten Honig kann man nur dann anbieten, wenn man die Erwartungen des Konsumenten und die gesetzlichen Vorgaben beachtet. Die „Reife" eines Honigs erkennt man am Wassergehalt. „Unverfälscht" bedeutet, es werden vom Imker weder Stoffe zugegeben noch entfernt. Ebenso kann nur ein schonend hergestelltes, wenig verändertes Lebensmittel als „naturbelassen" gelten.

Überprüfen lässt sich das Ganze nur im Labor anhand der Einhaltung bestimmter Grenzwerte, wie des Wassergehalts, der im Bienenspeichel enthaltenen Aminosäure Prolin, der Enzymaktivität von Diastase und Invertase, der Zuckerzusammensetzung und dem Abbauprodukt der Fruktose (HMF) sowie von Sediment und Rückständen.

EU-Ökoverordnung

Aus den Ausführungen zum Futter könnte man schließen, dass die Qualität des Honigs einen besonders breiten Raum in der EU-Ökoverordnung einnimmt. Weit gefehlt! Wie in der übrigen ökologischen Landwirtschaft geht man davon aus, dass ein nach ökologischen Richtlinien gehaltenes Tier auch ein qualitativ hochwertiges Lebensmittel liefert. Die Prüfungen selbst von in dieser Hinsicht eher unverdächtigen Zeitschriften wie ÖKO-Test haben wiederholt gezeigt, dass Ökoprodukte zwar oft nach höchsten Vorgaben für Tier- und Umweltschutz produziert werden, aber nicht zwangsläufig am Ende nach den Kriterien der Lebensmittelqualität auch die besseren Produkte liefern.

Bio-Verbände

Auch in den Richtlinien der Verbände findet man relativ wenig zum Honig. Allerdings werden Angaben zur maximal erlaubten Erwärmung des Honigs bei der Verarbeitung (Schleudern, Klären, Sieben und Abfüllen) gemacht. Die Temperaturen liegen je nach Verband zwischen 35 °C und 40 °C und damit gerade unter der Temperatur, bei der Proteine wie zum Beispiel Enzyme denaturieren. Bedenkt man, dass alle Heizgeräte eine gewisse Schwankung der Temperatur aufweisen, hat man bei 38 °C einen gewissen Sicherheitsbereich. Die Angabe „Melitherm erlaubt" bedeutet nicht, dass man nun kurzfristig, wie vom Hersteller, empfohlen auf 55° C erwärmen darf (siehe Tafel 6/Bild 1).

Gelagerten Honig kann man nur schwer ohne eine gewisse Wärme wieder verflüssigen. Viele Verbände empfehlen daher, den Honig sofort in Verkaufsgebinde abzufüllen. Nur bei überdurchschnittlichen Ernten gibt es Ausnahmen. Bei der beim Abfüllen maximal erlaubten Erwärmung wird man aber bei den meisten Sorten nur einen fließbaren kristallinen Honig erhalten, aber keinen flüssigen. Hier muss der Verbraucher entsprechend aufgeklärt werden. Wenn man auf die Naturbelassenheit des Honigs hinweist, wird ein fester oder zähfliesender Honig in der Regel positiv aufgenommen.

Zur Qualität des Honigs haben der Deutsche Imkerbund und die daraus abgeleiteten länderspezifischen Gütesiegel die Maßstäbe vorgegeben. Diese liegen deutlich über den lebensmittelrechtlichen Anforderungen und sind kaum zu überbieten. Zwangsläufig konnten die Ökoverbände nur vergleichbare Grenzwerte annehmen. Aus Sicht der Bioimkerei ist ihr Honig also zwar von gleicher Qualität, aber weitgehend frei von Rückständen sowie unter strengeren Tierschutz- und Umweltauflagen produziert worden. In Zukunft könnten sich aber Qualitätsunterschiede hinsichtlich des Gehalts an Pollen von genveränderten Pflanzen (GVO) ergeben. Für konventionellen Honig liegt der Grenzwert der Deklarierung bei einem Anteil von 0,9 %. Ein Wert, der bei natürlichem Pollenaufkommen sowieso nie überschritten wird. Für Bio-Honig gilt aber die Vorgabe „Frei von GVO". Damit könnten sich in Zukunft die Trachtgebiete einschränken. Alles andere wäre sonst eine Täuschung des Verbrauchers. Auch wenn die ersten genveränderten Pflanzen (Mais) zugelassen werden, lohnt es, sich dagegen zu wehren und zumindest regional gentechnikfreie Zonen zu schaffen.

Bio-Check: Honig										
Bereich	Vorschrift	EU	Verbände							
			BK	BL	DE	EL	NL	Gä	BA	BS
Gewinnung allgemein	Lebensmittelechte Materialien bei allen Geräten und Behältern	X	X	X	X	X	X	X	X	X
	Metallgefäße aus Edelstahl				X					
Verarbeitung[1]	Nicht über 35°C erwärmen				X				X[3]	
	Nicht über 38°C erwärmen					X	X			
	Nicht über 40°C erwärmen		X[2]	X				X		
Sieben	Maschenweite nicht kleiner als 0,2 Millimeter	X	X	X	X	X	X	X	X	X
Druckfiltration	Nicht erlaubt	X	X	X	X	X	X	X	X	X
Abfüllen	Vor Festwerden in Verkaufsgefäße		X	X	X[4]		X			
Gebinde	Mehrweg ausschließlich				X		X			
	Mehrweg bevorzugen		X							
Lagerung	Kühl, dunkel, trocken	X	X	X	X	X	X	X	X	X
	Behälter aus Edelstahl								X	
Honigqualität	Honigverordnung	X								
	Verordnungen des nationalen Verbandes (DIB, Österreich, Schweiz)		X	X	X	X	X		X	X
	Analyse alle zwei Jahre empfohlen		X							
Abfüllen	Keine Chemotherapeutika aus Varroabekämpfung nachweisbar	X	X	X	X	X	X	X	X	X

[1] Verarbeitung: Schleudern, Klären, Sieben, Abfüllen
[2] bei Klären maximal 38°C
[3] außer beim Abfüllen
[4] nur bei großen Ernten, dann mindestens 50 % in Verkaufsgebinde
EU = EU-Ökoverordnung / BK = Biokreis / BL= Bioland / DE= Demeter / EL= Ecoland / NL= Naturland / Gä= Gäa /
BA = Bio Austria / BS= Bio Suisse
(Vorstellung der Verbände auf Seite 156)

Pollen und Propolis

Pollen wird im Handel als eiweißreiche Nahrungsergänzung insbesondere für ältere Menschen und bei Unterernährung angeboten. Manche Pollenallergiker konnten mit der Einnahme von kleinen Pollenmengen desensibilisiert werden.

Propolis wird in vielen Formen angeboten: Zum Lutschen oder als alkoholische Tinktur. Aufgrund seiner antibiotischen, antiviralen und antimykotischen Wirkung wird es oft als Heilmittel angeboten und ausgelobt. Dies ist aber nicht zulässig, weil es dann den Charakter eines Arzneimittels annimmt, das besonderen Bestimmungen unterliegt, die es jedoch nicht erfüllt.

Pollen im Wildvolk

Beim Besuch der Blüte berührt die Bienen deren Staubgefäße. Dabei wird ihr ganzer Körper mit Blütenstaub bepudert. Mit den Pollenkämmen an ihren Beinen bürstet die Sammelbiene ihn heraus und stopft ihn zum Transport mit klebrigen Nektar oder Honig vermischt in die Pollenkörbchen der Hinterbeine. Im Volk angekommen, streift sie die Pollenhöschen ab und stopft sie in eine leere oder bereits mit Pollen gefüllte Zelle. Andere Bienen vermischen den Pollen mit Drüsensekreten und stampfen ihn schichtweise in Pollenzellen. Durch verschiedene biochemische Prozesse wird er besser für die Bienen verdaulich. Die als Bienenbrot bezeichneten Vorräte sind nun auch deutlich haltbarer.

Ein Wildvolk benötigt für die während einer Saison aufgezogene Brut bis zu 20 Kilogramm Pollen. Im Laufe des Jahres wird aber nur eine kleine Reserve im Volk gehalten und nach Bedarf immer wieder aufgefüllt (siehe Seite S. 74).

Pollen ernten in der Imkerei

Während Bienenbrot kaum geerntet und vermarktet wird, findet man häufiger getrockneten Pollen im Verkauf. Dieser wird mit Hilfe einer Pollenfalle gesammelt. Die heimkehrenden Bienen müssen durch ein enges Gitter oder Lochstreifen schlüpfen, sodass die Pollenhöschen abgestreift werden und der Pollen in darunter angebrachte Behälter fällt (siehe Tafel 5/Bild 3). Der Eingang darf nicht zu eng sein, sonst können sich die Bienen beim Durchschlüpfen verletzen. Besser ist es, dem Bienenvolk die zu kleinen Pollenhöschen zu belassen.

Der frisch eingetragene Pollen enthält 20 bis 30 % Wasser und ist so eine ideale Brutstätte für Bakterien und Pilze. Daher muss er täglich geerntet und die Kästen sollten stets sauber gehalten werden. Um den Pollen haltbar zu machen, ist er bei maximal 40 °C bis auf einen Wassergehalt von 6 % zu trocknen. Anschließend wird er kühl und trocken gelagert.

Auch bei der Gewinnung von Pollen kommt es, um noch naturgemäß zu handeln, auf einen guten Kompromiss an. Am Gitter darf den Bienen immer nur ein Teil des Pollens weggenommen werden. Besonders zu Beginn der Saison, wenn viel Brut aufgezogen wird, aber auch am Ende, wenn das Angebot gering ist, können sonst schnell Engpässe entstehen. Pollen darf man nur dann ernten, wenn Überfluss besteht.

Gut zu wissen
Wenn man Pollen erntet, nimmt man den Bienen wie beim Honig einen Teil ihrer Vorräte. Es ist dringend davon abzuraten, diesen Verlust mit Pollenersatzstoffen auszugleichen. Ihr Wert ist für das Volk deutlich geringer und kann sogar zu Vergiftungen führen.

EU-Ökoverordnung

In der EU-Ökoverordnung wird Pollen nicht erwähnt.

Bio-Verbände

Für Bioland und Biokreis gilt, dass sich die Bienen am Pollenkamm nicht verletzen dürfen. Nur Bioland schreibt vor, wie Pollen geerntet werden muss. Neben der täglichen Ernte, dem Sammelbehälter aus Edelstahl, wird die oben beschrieben Trocknung und Lagerung vorgeschrieben. Bio-Swiss erlaubt keine Pollenfalle am Flugloch. Beim Demeter-Verband ist die Ernte von Pollen nicht vorgesehen.

Bio-Check: Pollen

Bereich	Vorschrift	EU	Verbände							
			BK	BL	DE	EL	NL	Gä	BA	BS
Allgemein	Besondere Vorschriften bei Gewinnung und Verarbeitung			X						
Pollenfalle	Keine Verletzung der Bienen in Pollenfalle		X	X			X		X	
	Pollenfalle nicht in Flugloch									X
Menge	Genügend für Eigenbedarf der Bienen			X						X

EU = EU-Ökoverordnung / BK = Biokreis / BL= Bioland / DE= Demeter / EL= Ecoland / NL= Naturland / Gä= Gäa /
BA = Bio Austria / BS= Bio Suisse
(Vorstellung der Verbände auf Seite 156)

Propolis im Wildvolk

Bäume scheiden an ihren Knospen und an Wunden Harz aus, um sich vor Infektionen zu schützen. Die Bienen sammeln vor allem im Spätsommer und Herbst Harz, um ihre Nester auf den Winter vorzubereiten. Sie nehmen die fädige, zähe Masse mit ihren Mandibeln auf und versuchen, sie mit etwas Mandibel-Sekret geschmeidiger zu machen. Das Ganze wird an den Hinterbeinen befestigt und in den Stock transportiert. Dort benötigen sie die Hilfe anderer Bienen, um sich von dem klebrigen Zeug zu befreien.

Bevor es als Kittharz verarbeitet werden kann, vermischen die Bienen es mit etwas Wachs und Pollen. Vor allem im Spätsommer werden dann Löcher und Ritzen damit zugeklebt. Das ganze Jahr über dient es der allgemeinen Stockhygiene. Nicht nur die Innenräume des Nests und der Wabenzellen, sondern alles, was desinfiziert werden soll, wird mit Propolis überzogen. So landet im Extremfall manche im Winter eingedrungene tote Maus unter einer Kruste von Propolis.

Die Menge an eingetragenem Harz hängt von der Bienenrasse, dem Klima und der Beschaffenheit des Nests ab. Im Durchschnitt geht man bei den in Europa verbreiteten Bienen von einem Jahresbedarf von 100

Gramm aus. Bedenkt man, dass bei jedem Flug nur 10 mg mitgenommen werden können, sind immerhin 10.000 dieser klebrigen Arbeiten notwendig.

Propolis ernten in der Imkerei

Propolis kann durch seine fettlöslichen Eigenschaften stark mit Pestiziden und Varroaziden belastet sein. Wer am Ende des Jahres Propolis von den Holzteilen abkratzt, kann dies nur für technische Zwecke verwenden, wie etwa dem Anstrich von Holz.

Werden Kunststoff- oder Metallgitter, aber auch Sackleinen, vorzugsweise auf die Oberträger gelegt, lässt sich sauberes Propolis durch Abkratzen vom Gitter oder durch Brechen nach dem Einfrieren des Sackleinens ernten. Dies ist aber nur außerhalb der Varroose-Behandlungszeiten und weit weg von möglichen Umweltbelastungen wie intensiver Landwirtschaft, Industrie und Verkehr anzuraten.

Wie bei anderen Bienenprodukten wird man auch hier im Sinne einer naturgemäßen Imkerei einen Kompromiss eingehen müssen. Die Wegnahme des eingebrachten Guts dürfte das Bienenvolk leicht verschmerzen. Allerdings müssten Holzteile wieder neu desinfiziert werden. Entscheidender dürften die im Nest zur Gewinnung von Propolis eingelegten nestfremden Teile sein. Kunststoffe als Material werden eher kritisch gesehen (siehe S. 27). Aber auch die großflächigen Auflagen aus anderem Material können die Bewegungsfreiheit sowie die Kommunikation und Thermoregulation der Bienen ungünstig beeinflussen.

EU-Ökoverordnung

In der EU-Ökoverordnung wird Propolis nicht erwähnt.

Bio-Verbände

Auch die Bioverbände erwähnen Propolis nicht. Da alle Verbände Kunststoffteile ablehnen und auch Metall nur bedingt zulassen, beschränken sich die Erntegeräte auf natürliche Stoffe wie etwa Jutesäcke. Doch nicht jeder Jutesack ist geeignet. Hier sollten höchstens die mit Pflanzenölen behandelten verwendet werden (siehe S. 29).

Bienengesundheit

Wie jedes Lebewesen, so leiden auch Bienenvölker an Krankheiten. Oft kommen sie erst durch Eingriffe des Menschen zum Ausbruch. Wildvölker scheinen dagegen insgesamt besser mit Krankheiten zurecht zu kommen. Deshalb ist es wichtig zu klären, wie man durch naturgemäße Haltung die Selbstheilungskräfte von Bienenvölkern stärken kann.

Natürliche Abwehr von Krankheiten im Wildvolk

Das Nest des Wildvolks steht gänzlich unter der hygienischen Kontrolle des Bienenvolks, da im Gegensatz zur Imkerei Waben nicht ausgetauscht werden. Allerdings könnte es sich über Verflug und Räuberei bei Nachbarvölkern anstecken. Wegen der unter natürlichen Bedingungen größeren Abstände zwischen den Nestern kommt Räuberei aber nur selten vor (siehe S. 82). Auch werden sich Bienen aus über 500 Meter voneinander entfernten Nestern nur selten verfliegen. Wenn doch, werden sie von gesunden Völkern am Nesteingang abgewiesen. Ebenso werden Schädlinge angegriffen, verletzt und oft sogar mit einem Stich abgetötet. Manche Bienen knäueln den Eindringling auch ein und töten ihn durch kurzzeitiges Überhitzen ab.

Alte und durch Krankheiten geschwächte Bienen sterben während des Ausfliegens außerhalb des Nests. Gleichzeitig befreit sich das Bienenvolk so von Krankheitserregern und Parasiten. Damit das Bienenvolk nicht geschwächt wird, das heißt an Gewicht verliert, muss es den Verlust durch Aufzucht von Brut ausgleichen. Damit nur widerstandsfähige und langlebige Bienen schlüpfen, darf nur gesunde Brut aufgezogen werden. Um dies sicherzustellen, inspizieren die Bienen die Brut ständig. Zellen werden geöffnet und wieder gedeckelt. Krankes wird entfernt, Gesundes belassen. Im Notfall konservieren sie den Zellinhalt auf ewig mit Propolis. Durch dieses ausgeprägte Hygieneverhalten kann das Volk dem Ausbruch einer Krankheit vorbeugen und sich in vielen Fällen selbst heilen.

Nestflucht

Wenn alle Abwehrmaßnahmen nichts mehr nützen, kann das Bienenvolk auch das alte Nest verlassen und neu beginnen, ohne infizierte oder befallene Brut. In tropischen Regionen waren die Bienen schon immer verstärkt Krankheiten und Parasiten ausgesetzt. Deshalb ist dieses Verhalten dort stärker ausgeprägt.

Ein für Krankheiten anfälliges Wildvolk würde nicht lange überleben. Da Wildvölker aber häufig schwärmen und dabei neue Königinnen produzieren, können sie innerhalb kurzer Zeit eine höhere Widerstandskraft bis hin zur Resistenz entwickeln. Die permanente natürliche Selektion auf effektivere Selbstheilungskräfte ist die eigentliche Stärke des wildlebenden Bienenvolks.

Abwehr von Krankheiten in der Bienenhaltung

Unter der Obhut des Imkers stehende Bienenvölker haben grundsätzlich die gleichen Abwehrmöglichkeiten wie ein Wildvolk. Trotzdem treten häufiger Probleme mit Krankheiten auf, oft verursacht durch Eingriffe des Menschen.

Am Beginn steht der globale Handel mit Bienen. So konnten sich in den letzten Jahrzehnten neue Bienenkrankheiten und Parasiten in der ganzen Welt verbreiten. Während etwa bei der Varroose der ursprüngliche Wirt, die asiatische Honigbiene, im Laufe der Evolution Abwehrmechanismen gegen den Parasiten entwickeln konnte, hatten unsere Bienen dazu in so kurzer Zeit keine Chance.

Damit die Bienenvölker trotzdem überleben, muss der Imker mit Medikamenten und anderen Bekämpfungsmethoden eingreifen. Dadurch verlieren die Bienen aber die Möglichkeit, auf natürlichem Weg gegen bestimmte Krankheiten oder Parasiten tolerant oder gar resistent zu werden. Schlechte Haltungsbedingungen und ungünstige Eingriffe können die Situation noch verschlimmern.

Dies gilt zum Beispiel für die von den meisten Imkern praktizierte Schwarmverhinderung. Nach Thomas Seeley sind kleine schwarmfreudige Völker deutlich weniger von Varroamilben und den begleitenden Viren betroffen als große (siehe Kasten S. 113). Zu ähnlichen Ergebnissen kam auch Yves le Conte, der in Frankreich wilde Völker oder Völker aus verlassenen Bienenständen auf einen gemeinsamen Bienenstand brachte. Dort blieben sie weiter unbearbeitet und unbehandelt. Die Völker überlebten bis zu zwölf Jahren. Somit können auch europäische Honigbienen einen Varroabefall ohne chemische Behandlung überleben.

Verantwortung

Die Schlussfolgerung darf nun aber nicht sein, gar nichts mehr zu tun. Niemand kann sich auf Dauer den ständigen Verlust seiner Bienen leisten. Zudem hat man eine Verantwortung gegenüber dem betreuten Tier und auch für den Nachbarn entsteht durch solche Untätigkeit eventuell eine unzumutbare Situation, wie sie bei der Varroa und ihrem Dominoeffekt nur allzu gut bekannt ist.

Von einer naturgemäßen Bienenhaltung kann man aber erwarten, dass sie der Situation im Wildvolk möglichst nahe kommt, damit die natürlichen Selbstheilungskräfte wieder greifen. Dazu gehört die Chance, über natürliche Selektion oder, wenn diese nicht möglich erscheint, über Züchtung zu einer gegenüber Krankheiten widerstandsfähigeren Biene zu kommen.

Genetik entscheidet

Seit einiger Zeit wird als Selektionsmerkmal die Fähigkeit der Bienen, erkrankte oder parasitierte Brut zu erkennen und zu entfernen, berücksichtigt. Je nach Brutkrankheit sind die Anforderungen an dieses Verhalten aber sehr unterschiedlich: Bei der Varroamilbe ist der Zeitpunkt, wann die Bienen eine Zelle inspizieren, weniger entscheidend. An Faul-, Kalk- oder Sackbrut erkrankte Brut muss dagegen entfernt werden, solange sie noch nicht selbst infektiös ist. Sonst verbreiten die Putzbienen die Krankheit im Volk und alles wird noch schlimmer.

Linien mit schwachen Hygieneverhalten kann man oft bereits am Bienenstand daran erkennen, dass sie häufiger und schneller von Kalk- und Sackbrut betroffen sind. Erkrankt die Brut in Völkern mit Königinnen einer Zuchtserie besonders häufig, hilft nur noch konsequentes Umweiseln.

Doch meist ist die Beurteilung und Entscheidung schwieriger, denn die genetische Veranlagung ist nur ein Faktor. Eine Reihe von Haltungsbedingungen und imkerlichen Eingriffen kann das Hygieneverhalten ebenso stark beeinflussen.

Futter treibt zum Putzen

Wenn Bienen wasserhaltigen Nektar oder Honigtau eintragen, muss für dessen Zwischenlagerung jede Zelle freigemacht werden. Dann sind im großen Stil Inspektoren und Putzer unterwegs. Was nicht einwandfrei ist, fliegt raus. Vor allem die weniger hartnäckigen Brutkrankheiten wie Kalk- und Sackbrut können so recht rasch verschwinden.

Wer seinen Bienen keine Tracht bieten kann, sollte eine dünne Zucker- oder besser Honiglösung verfüttern. Um den Putztrieb kurzfristig anzuregen, kann man die Waben auch damit besprühen.

Infektionsdruck nehmen

Ob und wie schnell sich das Bienenvolk mit Hilfe des Putztriebes selbst heilen kann, hängt wesentlich vom Umfang der Aufräumarbeiten ab (siehe S. 119). Da gilt es nachzuhelfen. Waben mit überwiegend erkrankter Brut werden am besten eingeschmolzen oder entsorgt. Wie viele man

(siehe S. 119)

Seeleys Versuch

In einem Freilandversuch stellte Seeley jeweils zwölf auf einem Raum sitzende Völker (Langstroth) solchen auf drei Räumen gegenüber. Alle Völker starteten im Sommer als Ableger auf zwei mit Bienen besetzten Waben und einer Geschwisterkönigin. Die Völker wurden anschließend weder erweitert noch eingeengt. Im darauffolgenden Sommer besetzten die Völker in einem Raum zehn Waben, davon enthielten die Hälfte Brut. Die Völker in drei Räumen besetzten dagegen fast 35 Waben mit zehn Waben Brut. Der Unterschied in der Volkstärke kam vor allem deswegen zustande, weil 83 % der Völker in kleinen Beuten und nur 17 % der in großen geschwärmt waren. Alle Völker hatten den gleichen Ausgangsbefall mit Varroamilben. Ein Jahr später enthielten die Völker in großen Beuten im Durchschnitt 1771 Milben während die Völker in kleinen Beuten nur mit durchschnittlich 173 Milben befallen waren. Entsprechend groß war der Unterschied im Grad des Befalls der Bienen, nämlich 6 % zu 1 % und der Anzahl der deformierten Bienen mit 33 % zu 0 %. Nach Thomas Seeleys Versuchen überleben auch bei uns Bienenvölker die Varroose ohne Behandlung eher nicht, wenn sie

- zusammen auf Bienenständen stehen,
- auf Boden stehen müssen,
- in großen Nestern leben,
- abgehalten werden, Drohnenwaben zu bauen,
- abgehalten werden, Drohnen aufzuziehen,
- mit ihnen gewandert wird.

entnimmt, hängt wesentlich vom Zustand des Volkes und der Jahreszeit ab. Ein normal starkes Volk wird besonders während der Aufwärtsentwicklung den Verlust von einem Teil der Brut schnell ausgleichen. Man kann sich auch für Radikaleres entscheiden und alle Waben vernichten. Der offene Kunstschwarm eignet sich dann sogar zur Sanierung der Amerikanischen Faulbrut (siehe S. 120).

Abgang von infizierten Bienen

Ganz in der Hand des Imkers liegen dagegen die Steuerung des Abgangs der erkrankten Bienen und deren Ersatz durch frisch geschlüpfte. Hier müssen die Voraussetzungen bei der Beute (siehe S. 16), dem Standort (siehe S. 93) und der Haltung (siehe S. 54) gegeben sein, damit sich das Volk durch frühe und häufige Reinigungsflüge schnell selbst heilen kann.

Tierarzneimittel bei Bienen

Ein Bienenvolk gilt tierseuchenrechtlich als Nutztier, da es zur Gewinnung von Lebensmitteln verwendet wird. Die Bekämpfung von Krankheiten mit Medikamenten unterliegt daher besonders strengen rechtlichen Anforderungen. Diese sind in allen EU-Ländern und der Schweiz gleich. Zurzeit werden nur für die Bekämpfung der Varroose zugelassene Medikamente verwendet. Die hier dargestellten grundsätzlichen Aussagen zu Tierarzneimitteln würden aber auch auf andere Anwendungsgebiete wie der Nosemose und dem Befall mit dem Kleinen Beutenkäfer zutreffen.

Wie werden Arzneimittel zugelassen?

Alle Tierarzneimittel müssen amtlich zugelassen werden, ebenso jedes chemische Mittel, das zur Bekämpfung von Parasiten eingesetzt wird. Dabei wird anhand der vom Hersteller vorgelegten Untersuchungen geprüft, ob es für die Bienenvölker und den Anwender ungefährlich ist, eine therapeutische Wirkung hat und keine unzulässigen Rückstände auftreten. Schließlich dürfen die neuzugelassenen Arzneimittel auch die Umwelt nicht belasten.

Was enthält die Packungsbeilage?

Bei Fertigarzneimitteln ist die Packungsbeilage, oft auch als Beipack- oder Waschzettel bezeichnet, Bestandteil der Zulassung. Sie enthält alle Angaben zur Anwendung des Arzneimittels: Neben Anwendungsgebiet, Wirkstoff, Dosierung sind Nebenwirkungen und Wartezeit verzeichnet. Auf der Verpackung ist das Haltbarkeitsdatum angegeben. Sobald man bei der Verwendung von diesen festgeschriebenen Angaben abweicht, verliert das Medikament seine Zulassung. Darüber hinaus haftet der Hersteller nicht mehr für sein Produkt und mögliche Folgen der Anwendung.

Von Ausnahmen abgesehen, sind neue Arzneimittel zunächst immer apothekenpflichtig. Enthalten sie zudem neue oder bereits entsprechend eingestufte Wirkstoffe, so sind sie zunächst verschreibungspflichtig. Der Hersteller kann nach einer gewissen Zeit die Befreiung von der Verschreibungspflicht oder Apothekenpflicht beantragen. Nach einer eingehenden Prüfung entscheiden hierüber die zuständigen Gremien und Behörden.

Wartezeiten

Für alle Medikamente und auch für solche mit Standardzulassung müssen Wartezeiten festgelegt werden, das ist die Zeit zwischen Anwendung des Medikaments und Gewinnung des Lebensmittels. Während der Varroabehandlung und einen Monat danach treten sowohl bei organischen Säuren als auch ätherischen Ölen relativ hohe Rückstände auf. Diese reduzieren sich im Laufe der weiteren Monate. Für das Ende der Wartezeit musste nun ein Zeitpunkt festgelegt werden, bei dem die natürlichen Gehalte nahezu wieder erreicht werden.

Dies ist bei Honig nicht so einfach wie bei anderen Lebensmitteln, da seine Gewinnung sehr von klimatischen Gegebenheiten und der eingetragenen Menge von Nektar oder Honigtau abhängt. Festgelegt als Zeitpunkt der Gewinnung wurde der Beginn der Tracht.

Wie erfolgt Abgabe und Vertrieb von Arzneimitteln?

Apothekenpflichtige Medikamente können ausschließlich in Apotheken bezogen werden. Zusätzlich darf in Deutschland auch ein approbierter Tierarzt verschreibungs- und apothekenpflichtige Medikamente für von ihm behandelte Tiere abgeben oder in der eigenen Hausapotheke herstellen.

Bei Rezeptpflicht muss ein Tierarzt vorher das Bienenvolk in Augenschein genommen, das Medikament verschrieben und anschließend den Heilungserfolg überprüft haben. Der Erhalt und die Anwendung von apothekenpflichtigen Medikamenten müssen im Bestandsbuch vom Imker schriftlich festgehalten werden.

Frei verkäufliche Medikamente kann man dagegen über den Handel, zum Beispiel den Imkereibedarfshandel beziehen. Verstöße gegen diese Vorschriften, das sind sowohl Handel als auch Anwendung, sind strafbar. Dabei wird die Haltung von lebensmittelerzeugenden Tieren zugrunde gelegt.

Welche Nachweispflichten hat der Imker?

Für alle verschreibungs- und apothekenpflichtigen Medikamente muss der Tierhalter ein Bestandsbuch führen. Dort sind die Anzahl und Nummer der Bienenvölker und ihr Standort angegeben.

Darüber hinaus werden das Medikament, die pro Volk verabreichte Menge und das Datum der Anwendung sowie die Wartezeit aufgeführt. Am Ende muss noch der Name der anwendenden Person angegeben werden.

Dieses Bestandbuch muss der Imker fünf Jahre aufbewahren und auf Verlangen bei Kontrollen der zuständigen Behörde vorlegen.

Wie verhält man sich in der EU?

In der Europäischen Union ist die Zulassung von Tierarzneimitteln noch immer nicht harmonisiert. So gibt es zahlreiche Medikamente, die in einem Land zugelassen sind, in dem anderen aber nicht. Ohne Frage darf man alle in einem Land zugelassenen Medikamente anwenden, solange man sich mit seinen Tieren dort aufhält, egal woher sie stammen und wohin man mit ihnen geht.

Verkauft man Honig oder wandert man mit den Völkern in ein Land, in dem das zuvor angewandte Medikament nicht zugelassen ist, kann dies nur anhand von Rückständen im Honig auffallen. Und auch nur dann, wenn der Wirkstoff dort in keinem Tierarzneimittel zugelassen ist. Von der Lebensmittelüberwachung würde der Honig nicht beanstandet, solange die gefundenen Rückstände unter den von der EU festgelegten Werten (MRL) liegen. Die für die Arzneimittelüberwachung zuständige Behörde wird aber prüfen, ob das Medikament unerlaubt vor Ort angewandt wurde.

Anders ist die Situation, wenn man ein Medikament in einem EU-Land kauft und in einem anwendet, in dem es nicht zugelassen ist. In diesem Fall verstößt man gegen das Arzneimittelgesetz und macht sich strafbar. Nach neueren EU-Bestimmungen könnte man sich aber ein in einem anderen EU-Land (nicht der Schweiz) zugelassenes Medikament vom Tierarzt verschreiben lassen. Dagegen ist ein Medikament, das zum Beispiel in der EU-Ökoverordnung als im Bio-Betrieb zugelassen genannt wird, damit nicht auch automatisch als Arzneimittel zugelassen. Hier gelten weiterhin die jeweiligen nationalen Zulassungen.

Alle Krankheiten im Griff

Bei der Bekämpfung von Krankheiten sollte immer die Vorbeuge im Vordergrund stehen. Zunächst muss man klären, ob das Tier durch Standort, Futtersituation, Haltungsfehler oder Zucht geschwächt ist. Kann man dies ausschließen, sollte man zunächst versuchen, mit biologischen oder biotechnischen Methoden das Bienenvolk zu heilen. Erst wenn auch diese Maßnahmen nicht mehr helfen, wird man die Behandlung mit Medikamenten nicht umgehen können. Aber auch hier sollte man auf natürliche, möglichst im Bienenvolk vorkommende Stoffe zurückgreifen.

Acarapidose

Die Milbe, *Acarapis woodi*, lebt und vermehrt sich im ersten Tracheenstamm des Brustabschnittes von erwachsenen Bienen. Mit der Zahl der Parasiten, den Häutungsresten und dem Kot verstopfen die Tracheen zunehmend, sodass die Bienen an Atemnot leiden. Da besonders die Flugmuskulatur mit weniger Sauerstoff versorgt wird, sterben die flanguntauglichen Bienen vor dem Flugloch (siehe Tafel 8/Bild 1). Der Parasit kann sich nur in langlebigen Winterbienen ausreichend vermehren und nur in der Enge der Winterraube zwischen den Bienen wechseln.

Beschleunigt man den Abgang und Austausch von Winterbienen, kann man die Selbstheilung des Bienenvolks unterstützen. Die Behandlung mit Medikamenten ist meistens nicht notwendig, zumal viele bei der Bekämpfung der Varroamilbe angewandten Medikamente wie Ameisensäure und Thymol auch gegen Tracheenmilben wirken.

Nosemose

In nahezu allen Völkern findet man Nosema-Sporen. Die Sporen dieses Darmparasiten werden mit dem Futter aufgenommen und keimen im Mitteldarm aus. Dort vermehren sie sich in den Zellen des Darmgewebes. Sobald deren Eiweißvorräte aufgebraucht ist, werden die Zellen zerstört

Gut zu wissen
Synthetische Stoffe haben in der naturgemäßen Bienenhaltung nichts verloren. Sie dürfen und müssen nur dann eingesetzt werden, wenn das Tier nicht anders überleben kann oder die Behandlung angeordnet wurde. Die Medikamente sind zurzeit nur für die Bekämpfung der Varroose zugelassen und werden dort auch ausführlich besprochen.

und neue Sporen gelangen ins Darminnere, von wo sie erneut neue Zellen infizieren oder über den Kot ausgeschieden werden. Die teilweise zerstörte Darmwand kann aus der Nahrung Kohlehydrate aufschließen, nicht aber Proteine. Die infizierten Bienen betreiben daher nur kurz oder gar keine Brutpflege und sind kurzlebig. Eine Königin aus infizierten Völkern legt meist nur begrenzt Eier.

Seit der Jahrtausendwende befällt der aus Asien stammende Darmparasit *Nosema ceranae* auch die Honigbienen in Mitteleuropa. Dabei verdrängte er die vormals hier verbreitete Art *Nosema apis* fast vollständig. Über die Art der Verbreitung (Epidemiologie) und krankmachende Wirkung (Pathogenität) dieses für unsere Biene neuen Parasiten sind trotz intensiver Forschung noch viele Fragen offen.

Der zunächst aufgrund der Ereignisse in Spanien vermutete Zusammenhang mit hohen Bienenverlusten oder sogar des Völkersterbens hat sich allgemein nicht bestätigt. Der Erreger kann sich ohne Zweifel in wärmeren Regionen besser vermehren und stärker krank machen als in gemäßigtem oder kühlem Klima. Gegenüber dem alten Erreger hat er aber den Nachteil, dass er Frost nicht lange übersteht, was die Desinfektion von kontaminierten Waben erleichtert.

Beim alten Erreger war die Nosemose eine typische Frühjahrserkrankung. Mit dem neuen Erreger *Nosema ceranae* tritt sie auch im kühlen und gemäßigten Klima während des ganzen Jahres auf. Weiterhin geht sie im Gegensatz zum alten Erreger nur selten mit Durchfall einher (siehe Tafel 8/Bild 2). Vor allem werden neben dem Darmepithel auch andere Organe der Biene befallen, wie zum Beispiel die Nierenkanälchen (Malpighischen Gefäße).

Verschiedene Medikamente auf Pflanzenbasis sind in Erprobung. Eine Wiederzulassung von Medikamenten mit dem Wirkstoff Fumagillin wird zurzeit betrieben. Da es sich bei dem Wirkstoff um ein Antibiotikum handelt, muss man dies für eine naturgemäße Bienenhaltung aber ablehnen. Überdies gibt es bisher keinen Anlass, den zumindest in Mitteleuropa offensichtlich harmloseren neuen Erreger mit Medikamenten zu behandeln.

Kleiner Beutenkäfer

Um einen anderen Krankheitserreger oder besser Schädling, den Kleinen Beutenkäfer *Aethina tumida,* ist es in den letzten Jahren deutlich ruhiger geworden (siehe Tafel 8/Bild 4). Er wurde zunächst als mögliche Ursache von großen Völkerverlusten gesehen. Heute wissen wir, dass die vom Käfer getöteten Völker bereits vorher durch andere Faktoren geschwächt worden waren. Vor allem eine nicht oder zu spät erkannte Resistenz der Varroamilben gegen Behandlungsmittel war häufig die Ursache. Der Kleine Beutenkäfer trat dann nur sekundär als Schädling auf. Sicher ist inzwischen, dass der Kleine Beutenkäfer nur in schwachen Völkern eine Chance hat, Schäden zu verursachen. In starken Völkern ist es ohne spezielle Hilfsmittel kaum möglich, einen Befall zu erkennen.

Die EU und andere Staaten haben zum Schutz vor der Einschleppung des Kleinen Beutenkäfers die Importe von Bienenvölkern verboten, besonders aus Ländern, in denen der Käfer bereits verbreitet ist. Der Kleine Beutenkäfer muss heute in seiner Schadwirkung neu bewertet werden. Trotz-

Vorbeugung und Maßnahmen
Die beste Vorbeuge von **Nosemosis** ist es, den Abgang von infizierten Bienen zu beschleunigen. Dies galt für den bisherigen Erreger besonders im Frühjahr, für den neuen aber das ganze Jahr über.

Vorbeugung und Maßnahmen
Sobald sich der **Kleine Beutenkäfer** etabliert hat, gibt es einfache Möglichkeiten, größere Schäden zu verhindern: Man darf keine schwachen Völker auf seinen Bienenständen dulden und muss Honigwaben spätestens zwei Tage nach der Ernte abschleudern.

dem besteht kein Anlass, diese Beschränkungen aufzuheben, denn der Käfer hätte bei den zum Teil durch Krankheiten und Umwelt geschwächten Völkern leichtes Spiel. Auch wenn man in Europa inzwischen auf eine Invasion gut vorbereitet ist und wirksame Abwehrmaßnahmen bereit stehen, muss jeder zusätzliche Stress bei den Bienenvölkern zu weiteren Problemen führen. Außerdem bleibt der Kleine Beutenkäfer ein Vorratsschädling, der Lager mit Honigwaben innerhalb weniger Tage zerstören kann. Ohne Frage erschwert der Befall mit dem Kleinen Beutenkäfer die Bienenhaltung und verteuert die Honiggewinnung. Trotzdem wird man nur beim ersten Auftreten in einem neuen Gebiet mit allen Mitteln versuchen, den Käfer wieder restlos zu eliminieren.

Chronisches Bienen-Paralyse-Virus (CBPV)

Im Sommer und Herbst können sich die Bienen mit dem Chronischen Bienen-Paralyse-Virus infizieren. Man kann dann am Flugbrett zitternde Bienen mit aufgeblähtem Hinterleib beobachten. Oft werden sie von den anderen Bienen abgewehrt oder krabbeln flugunfähig am Boden vor dem Stock. Manche erscheinen wegen des Haarverlustes schwarz. Die erkrankten Bienen sterben in der Regel nach wenigen Tagen.

Ob auch hier wie bei anderen Viren ein Zusammenhang mit der Varroamilbe besteht, ist noch nicht eindeutig geklärt. Geschwächte oder weniger widerstandsfähige Bienen sind jedoch anfälliger für die Infektion. Ebenso kann Nahrungsmangel oder weniger geeignetes Futter Einfluss auf die Anfälligkeit haben. Häufig sind nur einzelne Völker auf dem Bienenstand betroffen.

Falls man in einer Waldtracht steht, sollte man abwandern. Sonst können Sie versuchen, den Bienenumsatz durch eine gute Versorgung mit Blütennektar oder Honig anzuregen. In den meisten Fällen verschwinden die Symptome aber innerhalb kurzer Zeit wieder.

Schwarzes Königinnenzellen Virus (BQCV)

Neben kleinen dunklen Brutzellen fallen ganze schwarze Wabenflächen auf. Die Brut wirkt schlaff und dünnhäutig. In der Zucht sind häufig in Serien alle Weiselzellen betroffen. Die Ursache, das Schwarze Königinnenzellen Virus, auch Black Queen Cell Virus, tritt vor allem im Frühjahr und Sommer auf. Nur geschwächte Brut ist anfällig für die Infektion. Vor allem nach Versorgungslücken der Brut (Futtermangel, Unterkühlung etc.) kann es sich stärker vermehren. Die beschriebenen Symptome treten nur auf, wenn die Bienen es nicht schaffen, die infizierte Brut vor der Verdeckelung zu entfernen. Wie die meisten Viren verbreitet es sich durch Verflug der Bienen und Wabentausch.

Sackbrut

In einzelnen Brutzellen sind die Larven gestorben und haben ihren Kopf nach oben gerichtet. Zieht man sie aus den Zellen, so bilden sie einen Sack mit teilweise klarem Inhalt (siehe Tafel 7/Bild 4). Später trocknet die tote Brut zu einem lockeren schwarzbraunen Schorf ein. Diese Erscheinungen werden durch das Sackbrutvirus hervorgerufen, indem es die Häutungsprozesse beeinflusst. Im Gegensatz zur Brut zeigen die mit

Vorbeugung und Maßnahmen
BQCV
Zur Abwehr kann man den Putztrieb der Bienen fördern (siehe S. 113). Ein Zusammenhang mit der Varroose ist nicht bekannt, allerdings kann auch hier der verminderte Putztrieb der befallenen Bienen die Ausbreitung der Infektion begünstigen

Vorbeugung und Maßnahmen
Sackbrut
Ein niedriger Varroabefall ist auch hier die wichtigste vorbeugende Maßnahme. Sonst kann man mit verschiedenen Maßnahmen den Putztrieb fördern oder den Infektionsdruck senken (siehe Kasten S. 119).

diesem Virus infizierten erwachsenen Bienen äußerlich keine Veränderungen. Sie sind aber in der Regel kurzlebiger und werden, da sie keinen Pollen aufnehmen, schneller zu Flugbienen.

Das Sackbrutvirus wird über die Arbeiterinnen verbreitet, die versuchen, die infizierte Brut zu entfernen. Auch die Varroamilbe kann Sackbrutviren übertragen. Sie ist zwar nicht ursächlich am Ausbruch beteiligt, aber in stark befallenen Völkern ist das Hygieneverhalten so gering, dass sich Sackbrut schnell ausbreiten kann.

Kalkbrut

Die Brut ist im Streckmaden- und Vorpuppenstadium abgestorben (siehe Tafel 7/Bild 3). Teilweise haben die Bienen den Zelldeckel entfernt, sodass die schneeweiße bis grauschwarze Brut sichtbar wird. Der Pilz *Ascosphaera apis* durchwächst mit weißen Pilzfäden die gesamte Brut. Sobald er Sporen bildet, erscheint er zunehmend grauschwarz. Die harten Mumien lassen sich leicht aus der Zelle ziehen. Man findet sie am Boden des Bienenstocks und vor dem Flugloch. Meist geht die Krankheit von der Drohnenbrut aus und befällt über die Sporen in der Stockluft schnell andere Brutbereiche. Auch außerhalb der Zelle entwickelt sich der Pilz weiter und erzeugt Sporen.

Europäische Faulbrut

In den Zellen findet man tote, verdrehte Larven und eine breiige Masse (siehe Tafel 7/Bild 1). Der am Zellboden eingetrocknete Schorf kann im Gegensatz zur Amerikanischen Faulbrut leicht entfernt werden. Auch unter eingesunkenen, löchrigen Zelldeckeln findet man tote Brut. Beim Öffnen der Beute sticht manchmal ein fauler, saurer Geruch in die Nase. Je nachdem welche bakteriellen Erreger hinzukommen, können Geruch und das äußere Bild variieren. Aber auch der Erreger *Melissococcus plutonius* selbst tritt in unterschiedlich virulenten (krankmachenden) Formen auf, sodass die Krankheit auch einen seuchenhaften Verlauf annehmen kann. Selbst wenn die Dauerformen schon bei 80 °C absterben und auch sonst nur wenig widerstandsfähig sind, kann man den Erreger durch

Vorbeugung und Maßnahmen
Kalkbrutmumien müssen möglichst bald auch vom Boden des Bienenstocks entfernt werden. **Kalkbrut** tritt häufig als erste sichtbare Krankheit bei genetisch bedingter verminderter Hygiene auf. Sie kann daher besonders auf Inzucht oder andere genetische Defekte hinweisen. Umweiseln ist in den meisten Fällen ausreichend. Sonst können dieselben Maßnahmen getroffen werden, wie bei anderen Brutkrankheiten.

So wird's gemacht!

Bekämpfung von Brutkrankheiten

Mit Ausnahme der überall anzeigepflichtigen Amerikanischen Faulbrut und der in der Schweiz meldepflichtigen Sauerbrut kann man die meisten Brutkrankheiten abhängig vom Umfang der Erkrankung bekämpfen. Wenn möglich, sollte man eine gute Trachtquelle anwandern.

1. Wenige Brutzellen betroffen
• Bienen mit Zuckerwasser oder besser mit verdünnter Honiglösung in kleinen Portionen füttern

2. Brutzellen zu 5–10 % erkrankt
• Putztrieb anregen
• Waben und Bienen mit dünner Zucker- besser Honigwasserlösung besprühen

3. Brutzellen zu 10–20 % erkrankt
• Brutwaben mit viel erkrankter Brut entfernen und vernichten
• Mit Zuckerwasser oder Honig besprühen oder füttern

4. Vermehrt Brut auf der Wabe betroffen
• Sämtliche Waben entfernen und vernichten
• Kunstschwarm bilden und füttern

Wabentausch und über Honig verbreiten. Ähnliche Erscheinungen können auch im Spätstadium der Varroose auftreten, wenn die Brut stark von den von den Milben übertragenden Viren befallen ist.

Hier hilft nur die Varroamilbe frühzeitig und wirksam zu bekämpfen. Europäische Faulbrut bzw. Sauerbrut ist in der Schweiz anzeigepflichtig. Ihre Bekämpfung wird dort vom Amtstierarzt angeordnet und überwacht. Sonst kann man dieselben Maßnahmen bezüglich der Hygiene treffen, wie auch bei den anderen Brutkrankheiten (siehe Kasten S. 119)

Amerikanische Faulbrut

Typisch für die Amerikanische Faulbrut: Die Brut ist ausschließlich im gedeckelten Zustand abgestorben. Die Deckel sind oft eingesunken und verfärbt. Bei zurückgehender Aufzucht bleiben solche Zellen auf der Wabe stehen. Da die Bienen versuchen, die Brut zu entfernen, sind die Zelldeckel meist löchrig oder teilweise geöffnet. Die tote Brut selbst hat sich zu einer kaffeebraunen, fadenziehenden, schleimigen Masse verändert (siehe Tafel 7/Bild 2). Sie trocknet zu einem fest mit der unteren Zellrinne verbundenen schwarzbraunen Schorf ein.

Einzelne Erregertypen des *Paenibacillus larvae* töten die Brut bereits vor der Verdeckelung ab, sodass die beschriebenen klinischen Symptome nicht oder erst später auftreten. Der Verlauf dieser Krankheit ist immer seuchenhaft. Sie kann leicht über Waben und Honig, aber auch über gebrauchte Geräte verbreitet werden. Die Sporen des Erregers sind sehr widerstandsfähig. Im Wachs werden sie erst nach einer Stunde bei 135 °C abgetötet. Die Desinfektion der Geräte und Beuten gelingt nur mit der Hitze eines Gasbrenners oder mit starken Laugen.

In allen Ländern der EU und in der Schweiz ist die Amerikanische Faulbrut anzeigepflichtig. Hier sind bei der Bekämpfung und Entseuchung die Anweisungen des zuständigen Tierarztes zu beachten.

Zur Sanierung des Bestandes kann neben der Abtötung der Völker das offene Kunstschwarmverfahren angeordnet werden. Verfahren wird wie bei der Wachsumstellung, die im Kunstscharmverfahren beschrieben ist (siehe Kasten S. 149). Man gibt jedoch zunächst drei bis fünf mit Bauhilfen versehene Oberträger in die Beuten und tauscht diese nach drei Tagen gegen Rähmchen mit Mittelwänden oder Bauhilfen aus. Die Oberträger mit den neu gebauten Waben werden vernichtet.

Varroose

Varroose-Befall: Im Spätsommer und Herbst krabbeln flügellose Bienen mit verkürztem Hinterleib im oder vor dem Stock. Die Brut ist lückenhaft und weist viele Zellen mit veränderter Brut auf. Das äußere Bild ähnelt der Europäischen Faulbrut. Wenn man Brutzellen öffnet, findet man fast überall die weißen bis dunkelbraunen Milben.

Am Volk selbst fällt das ungewöhnliche Verhalten der Bienen auf: Die Bienen sind unruhiger, nehmen schlecht Futter auf oder lagern es nicht ein, Wächterdienst findet nicht statt, sodass fremde Bienen ein- und ausgehen. Die Brutpflege und auch die Hygiene nehmen immer mehr ab. Schließlich fliegen sich die Völker innerhalb weniger Tage kahl (siehe Tafel 8/Bild 3).

Im Gegensatz zu anderen Krankheiten findet man selten tote Bienen. Das Ganze passiert meist im Oktober/November, sodass neben der Brut auf vielen Waben gedeckeltes Futter zurückbleibt. Die Bienen haben meist nicht zurückgefunden und sich in andere Stöcke eingebettelt. Der Nachbar wundert sich dann über plötzlich starke Völker, die sich aber ebenso schnell wieder kahl fliegen. Dies kann sich je nach Bienenvölkerdichte in einer Art Dominoeffekt fortsetzen. In dieser Phase sind die Völker nicht nur mit der Milbe *Varroa destructor* befallen, sondern auch mit den von ihnen übertragenen Viren infiziert.

Varroamilben und Viren

Aus heutiger Sicht scheinen vor allem das Akute Bienenparalyse Virus (ABPV) und das Deformierte Flügel Virus (DWV) die typischen Symptome der Varroose hervorzurufen oder zu verstärken. Beide Viren können in nahezu allen Entwicklungsstadien der Biene nachgewiesen werden. Meistens geht dies nicht mit spezifischen Symptomen oder Schädigungen einher. In stark mit Varroamilben befallenen Völkern kommt es aber vermehrt zu missgebildeten Bienen mit veränderten Flügeln. Ebenso können zitternde Bienen Lähmungserscheinungen aufweisen, bevor sie rasch absterben.

Das Akute Paralyse Virus tritt nicht jedes Jahr und in allen Bienen gleich stark auf. Dagegen sind in stark mit Varroamilben befallenen Völkern nahezu alle Bienen mit dem Deformierten Flügel Virus infiziert. Untersuchungen haben gezeigt, dass das Virus, solange es aus der Biene stammt und von der Varroamilbe nur weitergegeben wird, eher harmlos und kaum schädigend ist. Erst wenn es sich in der Varroamilbe vermehrt hat und wieder in die Bienen gelangt, führt es zu gravierenden Schäden.

Die missgebildeten Bienen werden entweder von den anderen Bienen aus dem Stock getrieben oder sterben beim ersten Flugversuch ab.

Gut zu wissen
Missgebildete Bienen sind ein deutlicher Indikator für einen hohen Befall mit Varroamilben und den baldigen Zusammenbruch des Bienenvolkes. Die Behandlung kommt in solchen Fällen oft zu spät.

Im Laufe der Saison nimmt mit steigendem Milbenbefall auch die Zahl der mit Viren infizierten Bienen zu (durchgezogene Linien). Nur wenn es gelingt den Varroabefall niedrig zu halten, bleibt auch die Zahl der mit Viren infizierten Bienen gering (unterbrochene Linien).

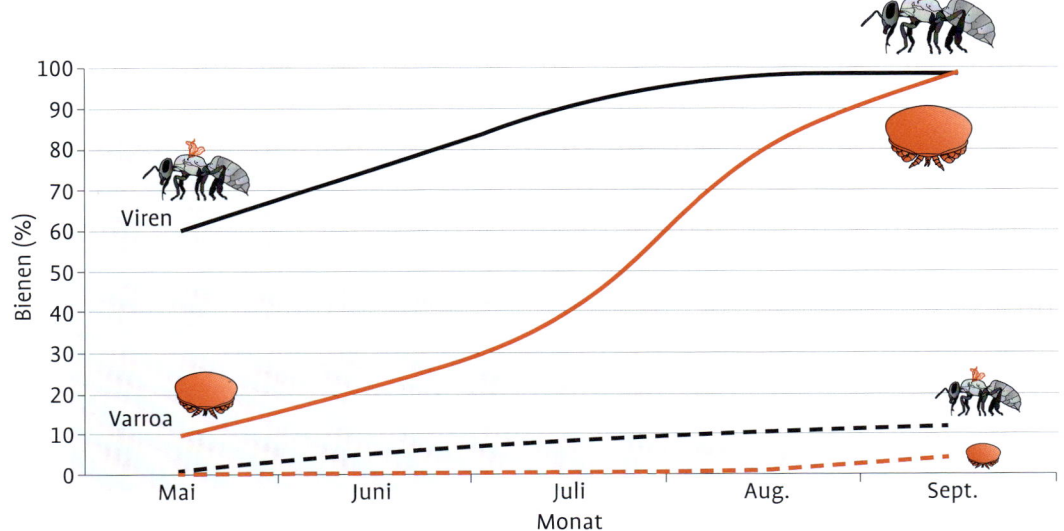

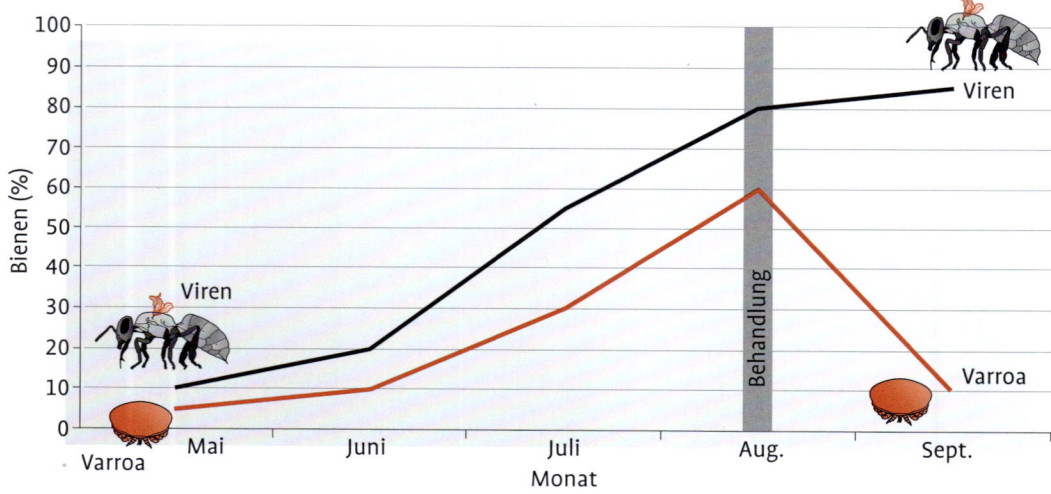

Nach Behandlung sinkt der Varroabefall, aber die Zahl der mit Viren infizierten Bienen bleibt hoch. So werden die Völker trotz der Behandlung geschädigt und können sogar eingehen.

Die Kontrolle der Varroa

Die Varroamilbe schädigt zusammen mit Viren die Bienen bereits in der Brut. Dadurch sind diese kurzlebiger und weniger in der Lage, selbst Brut aufzuziehen. Für alle von der Milbe *Varroa destructor* übertragenen Viren gilt, dass mit dem ansteigenden Milbenbefall nicht nur die Zahl der mit Viren infizierten Bienen, sondern auch die Missbildungen zunehmen. Dies ist nur zu verhindern, indem man den Varroabefall während des gesamten Jahres niedrig hält (siehe S. 121). Wird zu spät behandelt, werden die meisten Milben zwar abgetötet, aber der Virusbefall der Bienen bleibt bestehen und das Volk wird weiter geschädigt.

Die Bekämpfung hat das Ziel, während des ganzen Jahres den Varroabefall im Bienenvolk niedrig zu halten. Dies ist nur mit einem ganzjährigen Konzept erfolgreich. Hierbei unterscheidet sich der Ablauf in den einzelnen Jahren und bei den verschiedenen Betriebsweisen nur wenig. Lediglich die zeitlichen Abstände und die Reihenfolge der Maßnahmen bei der Sommer beziehungsweise Spätsommerbehandlung verändern sich, je nachdem, ob eine Spättracht genutzt werden soll oder nicht.

Drohnenbrut als Fangwabe

Die zurzeit zugelassenen Medikamente dürfen nicht vor oder während einer Tracht angewandt werden (siehe Seite S. 130). Da die Varroamilben bevorzugt Drohnenbrut zur Fortpflanzung aufsuchen, kann man diese als Fangwaben verwenden oder im Naturwabenbau die Drohnenbrut zerstören. Dabei können zehn im Frühjahr entfernte Milben einigen hundert im Herbst entsprechen! Besonders bei Nutzung der späten Trachten oder bei hohem Milbendruck kann dies über Leben oder Tod eines Bienenvolkes entscheiden.

Drohnenbrut zur Bekämpfung von Krankheiten oder Parasiten abzutöten, werden die meisten Imker nicht als naturgemäß einstufen. Doch man kann sich am natürlichen Verhalten des ursprünglichen Milbenwir-

So wird's gemacht!

Entnahme der Drohnenbrut

Für die Drohnenbrut als Fangwabe kann man entweder Drohnenwaben oder besser Baurahmen verwenden.

- Drohnenbrut ab Beginn der Saison als Fangwabe einsetzen
- Baurahmen an den Rand des Brutnestes hängen

- Eventuell alternierend mit zwei Baurahmen arbeiten
- Sobald die Wabe weitgehend gedeckelt ist, spätestens nach 21 Tagen, entnehmen
- Vorgang möglichst drei- bis viermal wiederholen

Verwertung der Drohnenbrut

Man kann alle Bestandteile der Drohnenbrut verwerten und gleichzeitig den Anfangsbefall abschätzen:

- Deckel der Brutzellen mit einem scharfen Messer oder einer Entdeckelungsgabel entfernen
- Milben und Brut mit einer Handbrause in ein Doppelsieb spülen

- Im Feinsieb die Milben zählen
- Im Grobsieb die Puppen gewinnen und zum Beispiel als Tierfutter weiter verwenden
- Wachs einschmelzen und für Mittelwände oder Kerzen verwenden

tes, der östlichen Honigbiene *Apis cerana* orientieren. Zur Abwehr des Parasiten hat diese Biene ähnliche Mechanismen entwickelt, um das Überleben des Volks sicherzustellen. So bildet sie den Zelldeckel der Drohnenbrut so kompakt und dickwandig aus, dass ein durch einen Befall mit Varroamilben geschwächter Drohn nicht schlüpfen kann (siehe Tafel 3/Bild 1). Die Zelle mit toter Brut wird anschließend von den Bienen mit Propolis und Wachs konserviert und so zur Falle für den Parasiten. Mit der Entnahme von Drohnenbrut wird die Anpassung des natürlichen Wirtes an den Parasiten nur nachvollzogen.

Bildung von Jungvölkern

Die Vermehrung über Jungvölker kann zur Erweiterung des Betriebes oder als Ersatz für eventuelle Verluste im Winter genutzt werden. Gleichzeitig lässt sich damit auch der Varroabefall in den Wirtschaftsvölkern vermindern.

Befallskontrolle im Sommer

Bei hohem Milbendruck oder der Absicht eine späte Tracht zu nutzen, sollte man im Sommer, am besten Anfang Juni bis Mitte Juli, den Milbenbefall kontrollieren. So kann man entscheiden, ob und wie viel Zeit noch bis zur Behandlung bleibt. Man muss die Völker genau beobachten und jede Veränderung registrieren. Manchmal sehen sie bis Mitte Juli noch gut aus, aber schon kurz danach kommt es zu Schäden. Auf jeden Fall darf man nicht erst behandeln, wenn bereits missgebildete Bienen schlüpfen. Denn dies ist nicht das Zeichen für eine bald notwendige Behandlung, sondern für einen bevorstehenden Zusammenbruch der Völker.

So wird's gemacht!

Bildung von Jungvölkern mit Brutwaben ohne Königin

Ein normal starkes Volk in der Aufwärts-bewegung wird dies ohne Probleme ver-kraften, denn in den Völkern liegt mehr Vermehrungspotential als tatsächlich abgerufen wird. Der Nachteil dieser Me-thode besteht darin, dass mit der Varroa-behandlung erst abgewartet werden muss, bis die Jungvölker brutfrei sind.

- Dem Wirtschaftsvolk zwei bis drei Waben mit gedeckelter und junger ungedeckelter Brut entnehmen
- An Schwarmgröße angepasste Beute mit Mittelwänden oder Bauhilfen bestücken
- Bienen ohne Königin in die neue Beute stoßen oder fegen
- Zwei bis drei Kilometer vom alten Standort entfernt aufstellen
- Nach neun Tagen alle Weiselzellen bis auf eine ausbrechen
- Nach 22 Tagen ist das Jungvolk weit-gehend frei von gedeckelter Brut und kann mit Milchsäure behandelt werden
- Jede einzelne Wabe mit 15 %iger Milchsäure besprühen
- Nach sieben Tagen wiederholen

Bildung von Jungvölkern mit Brutwaben mit Königin

Soll das Muttervolk nicht mehr für die Tracht genutzt werden, kann man den Ableger auch mit der alten Königin bil-den. Das nun weisellose Wirtschaftsvolk zieht ähnlich wie nach dem Abschwär-men eine neue Königin auf. Die Ent-nahme der Brut und die Unterbrechung der Brutaufzucht reichen aus, um den Varroabefall merklich zu senken.

- Muttervolk zwei bis drei Waben mit gedeckelter Brut entnehmen
- Brutwaben in an Schwarmgröße an-gepasste Beute geben
- Mit Rähmchen und mit Bauhilfen oder Mittelwänden auffüllen
- Bienen mit Königin in die neue Beute stoßen oder fegen
- Zwei bis drei Kilometer vom alten Standort entfernt aufstellen
- Zwei bis drei Tage später mit Ameisen-säure behandeln

Bildung von Jungvölkern ohne Brutwaben

Wenn man die Wirtschaftsvölker nicht zu sehr schröpfen will und nur eine Vermehrung anstrebt, kann man die Jungvölker auch ohne Brutwaben bilden. Das lohnt sich vor allem, wenn man es mit einer Wachsumstellung verbinden will. Den brutfreien Kunstschwarm be-handelt man am besten direkt nach der Bildung gegen Varroamilben.

- Bienen in eine Schwarmkiste stoßen oder fegen
- Mit 15 %iger Milchsäure besprühen bis die Bienen leicht feucht sind
- Zehn bis zwanzig Minuten stehen lassen
- An Schwarmgröße angepasste Beute mit Bauhilfen oder Mittelwänden vorbereiten
- Zwei bis drei Kilometer vom alten Standort entfernt aufstellen
- Bienenschwarm in neue Beute stoßen
- Schwarmzelle zugeben oder Königin aus Muttervolk zusetzen

So wird's gemacht!

Milbenbefall bestimmen

Gemülle

Im Bienenvolk sterben auch ohne Behandlung Milben. Anhand des täglichen Totenfalls kann man die Gefahr von Schäden abschätzen. Bei mehr als fünf Milben pro Tag sollte die Behandlung umgehend erfolgen.
- Bodeneinlage oder Schieber mit Fett oder

- Bodeneinlage mit Küchenpapier oder glattem Karton auslegen und mit Speiseöl tränken, bestreichen oder einsprühen
- Nach zwei bis drei Tagen Milbenabfall kontrollieren
- Fallen mehr als zehn Milben pro Tag, muss man sofort behandeln.

Puderzucker

Milben kann man von lebenden Bienen mit Puderzucker abschütteln. Sind mehr als 1 % der Bienen befallen, sollte die Behandlung möglichst bald erfolgen.
- 50 Gramm bzw. 500 Bienen in Schüttelbecher geben

- 35 Gramm Puderzucker zugeben und schütteln
- Mit der Siebseite des Bechers die Milben in ein Feinsieb stoßen
- Milben im Feinsieb zählen
- Bienen ins Volk zurückgeben

Der natürliche Milbenabfall kann innerhalb weniger Tage auf Bodeneinlagen oder dem Bodenschieber bestimmt werden. Problematisch sind Ameisen und andere Insekten, die die Milben fressen und so das Ergebnis verfälschen. Mit gefetteten oder geölten Einlagen lässt sich das vermindern. Schneller und genauer geht es, wenn man die Milben mit Puderzucker von den Bienen holt.

Behandlung im Sommer oder Spätsommer

Nach der Tracht enthalten die Völker viel Brut. Daher dürfen nur Medikamente eingesetzt werden, die entweder die unter dem Deckel der Brutzelle geschützten Milben erreichen oder über drei bis sechs Wochen wirken und so die mit den Bienen schlüpfenden Milben abtöten. Diese Voraussetzungen erfüllt neben Ameisensäure auch Thymol.

Ameisensäure wird meist in Containern verwendet, die über einen Docht eine langsame Verdunstung ermöglichen. Aber auch sogenannte Kurzzeitverdunster, zum Beispiel Schwammtuch, Windel oder Filzplatte sind möglich. Die Außentemperaturen sollten möglichst höher als 12 °C sein. Bei Regen kann ihre Wirksamkeit herabgesetzt sein, da die Ameisensäure hygroskopisch ist und damit von der Feuchtigkeit außerhalb des Stock angezogen wird.

Bei der Behandlung mit Thymol sollten die Außentemperaturen gleichbleibend über 15 °C liegen, damit eine ausreichende Menge verdunstet.

Gut zu wissen

Eine Langzeitbehandlung mit Ameisensäure sowie mit Thymol direkt nach Abnahme des Honigraums kann die Brut in den oberen Wabenbereichen schädigen, denn vor der Auffütterung für den Winter reicht das über der Brut eingelagerte Futter selten als Puffer aus.

Der Ablauf der Behandlung nach der Abnahme des Honigraums hängt wesentlich von der Jahreszeit, der Witterung, dem Varroabefall und der Futtersituation der Völker ab:

Sommer

Bei trockener warmer Witterung, niedrigem Befall und ausreichenden Futterkränzen kann direkt nach der Abnahme des Honigraums wie folgt behandelt werden:
1. Bei Futtermangel kleine Futtergabe
2. Langzeit- oder mehrere Kurzzeitbehandlungen
3. Auffütterung für den Winter

Thymol eignet sich besonders in Frühtrachtgebieten zur Behandlung bei warmer Witterung.

Spätsommer

Bei kühler feuchter Witterung, hohem Befall und geringen Futterkränzen erfolgt zunächst eine kurze Behandlung, anschließend die Wintereinfütterung und dann die Langzeitbehandlung oder mehrere kurze:
4. Bei Futtermangel kleine Futtergabe
5. Erste Behandlung
6. Auffütterung für den Winter
7. Langzeit oder mehre Kurzzeit-Behandlungen

Eine erste Behandlung kurz nach Abnahme des Honigraums ist bei höherem Varroabefall oder fortgeschrittener Jahreszeit unbedingt zu empfehlen, um den Milbendruck aus den Völkern zu nehmen. Die schnellste und beste Wirkung erzielt man mit Ameisensäure, zumal diese auch eine nur begrenzte, aber doch nachweisliche Wirkung auf die Milben in der gedeckelten Brut hat.

Nach der Auffütterung für den Winter kann entweder Ameisensäure im Langzeitverdunster oder in mehreren Kurzzeitverdunstungen eingesetzt werden. Thymol ist hier nur bedingt geeignet, da es bei später Behandlung oder hohem Milbendruck zu lange dauert, bis ausreichend viele Milben im Volk abgetötet werden. Hier können nur mit Ameisensäure größere Schäden verhindert werden. Im Einzelfall wie niedrigen Umgebungstemperaturen kann es sogar notwendig sein, auf 85 %ige Ameisensäure zurückzugreifen, die dann (falls nicht zugelassen) vom Tierarzt verschrieben werden muss (siehe S. 128). Milchsäure wird von den Bienen deutlich besser vertragen als Oxalsäure. Diese kann bereits bei der wiederholten Behandlung das Bienenvolk stark schädigen.

Behandlung im Winter

Behandlungsmittel wie Oxalsäure und Milchsäure sind nur in brutlosen Völkern wirksam. Um eine ausreichende Wirkung zu erzielen, müssen die Völker unbedingt brutfrei sein. Dies ist entweder drei Wochen nach Einsetzen einer Kälteperiode der Fall oder muss durch die Entnahme der Brut künstlich herbeigeführt werden.

So wird's gemacht!

Ameisensäure 60 % ad us. vet.

Ameisensäure darf nicht während der Fütterung verwendet werden, da das bei der Eindickung freiwerdende Wasser die Konzentration der Säure, aber auch das eingelagerte Futter verändern würde. Bei Regen und hoher Luftfeuchtigkeit ist die Behandlung abzubrechen.

Kurzzeitbehandlung

Zur Verdunstung der Ameisensäure verwendet man als Träger: Schwammtuch, Windel, Filzplatte
- Anwendung: von oben oder unten
- Dosierung: etwa 20 ml pro Zarge
- Wiederholung: drei- bis viermal im Abstand von vier bis sieben Tagen

- Außentemperatur am Tag: 12 bis 25°C (ideal über 20°C)
- Bei Hitze nachmittags, bei kühlen Nächten vormittags anwenden

Langzeitbehandlung

Zur Verdunstung der Ameisensäure verwendet man als Träger: Liebig-Dispenser, Nassenheider-Verdunster oder Ähnliches.
- Anwendung von oben
- Dosierung: etwa 20 ml pro Zarge,

genaue Angaben beim jeweiligen Hersteller
- Außentemperatur: zwischen 15°C und 30°C (ideal über 20°C)
- Bei ungünstiger Witterung Behandlung unterbrechen

Thymol (Apiguard®, ApiLife VAR®, Thymovar®)

Das in den Medikamenten verwendete Thymol ist im Gegensatz zu Thymian-Öl besser für die Behandlung geeignet, da dieses für Bienen gefährliche Begleitstoffe in variierender Zusammensetzung enthalten kann. Welches der thymolhaltigen Medikamente man am Ende einsetzt, hängt von der eigenen Erfahrung und Vorliebe ab. Nur ApiLife VAR® enthält zusätzlich weitere ätherische Öle, deren Nutzen im Einzelnen nicht näher untersucht ist.
- Anwendung: von oben auf die Wabenschenkel legen
- Dosierung: nach Angaben des Herstellers
- Außentemperatur: über 15°C
- Wegen der langsam einsetzenden Wirkung nicht zur schnellen Entmilbung geeignet

Zugelassene Medikamente

Grundsätzlich dürfen nur zugelassene Medikamente nach Vorschrift des Herstellers angewandt werden. Die jeweils angegebene Wartezeit zwischen Behandlung und Ernte ist unbedingt einzuhalten. Nur so ist gewährleistet, dass es nicht zu unzulässigen Rückständen in Bienenprodukten kommt (siehe S. 114). Je nach Befalls- und Brutsituation der Völker sowie nach Wetter und Jahreszeit wird man sich für das jeweils geeignete Medikament entscheiden. Die verschiedenen regional entwickelten Bekämpfungskonzepte geben hierfür eine Hilfestellung. In der naturgemäßen Imkerei sollen und in der ökologischen dürfen keine Medikamente mit synthetischen Wirkstoffen angewandt werden.

So wird's gemacht!

Oxalsäure 3,5 % (Oxuvar®, Oxalsäuredihydrat®)

Oxalsäure darf nur als Fertigpräparat Oxuvar®, Oxalssäuredihydrat® verwendet oder von der Apotheke hergestellt werden. Es ist nicht zulässig, es selbst zuzubereiten.

- Anwendung: je nach Volkstärke 30–50 ml in mit Bienen besetzte Wabengassen träufeln (Verdampfen und Spritzen ist in Deutschland nicht erlaubt)

- Dosierung: nach Angaben des Herstellers
- Wiederholung: nicht notwendig, sondern schädlich
- Außentemperatur: möglichst unter 5°C
- Völker sollten eng in der Wintertraube sitzen
- Gebrauchsfertige Oxalsäure muss innerhalb weniger Tage verbraucht werden

Milchsäure 15 % ad us. vet.

Milchsäure darf nur in der Form „ad. us. vet." bei Honigbienen angewandt werden (siehe Kasten S. 129).

- Anwendung: mit Bienen besetzte Wabenseiten besprühen

- Dosierung: 16 ml pro Wabe
- Außentemperatur: über 4°C, besser 10°C
- Besonders zur Entmilbung von Schwärmen geeignet

Brutfreiheit im Winter erreichen

Damit die Völker für die Winterbehandlung brutfrei sind, kann man eine Kälteperiode abwarten oder die Brut geplant entnehmen.

Kälteperiode abwarten

- Die Behandlung erfolgt nach dreiwöchiger Kälteperiode im November/Dezember
- Kontrolle der Brutfreiheit notwendig (bei Bedarf Brut entfernen).

Vorteil: Relativ geringer Aufwand und Brutentnahme nur bei Bedarf.
Nachteil: Entnahme und Zerstörung der Brut beeinträchtigt Wintersitz der Bienen und ist bei niedrigen Temperaturen schwierig.

Geplante Brutentnahme

- Brutentnahme am Ende einer warmen Phase im November bis Anfang Dezember, also kurz vor Wettereinbruch
- Behandlung während der anschließenden Kältephase

Vorteil: Die Völker können ihren Wintersitz neu ordnen bzw. tote Brut entfernen.
Nachteil: Größerer Arbeitsaufwand, schlechte Behandlungsergebnisse bei ausbleibender Kälte, da die Bienen dann nicht eng in der Wintertraube sitzen.

Wie sind Rückstände zu bewerten?

Die Wirkstoffe aller Medikamente müssen aufgrund ihrer Rückstände von der Europäischen Behörde für Arzneimittel (EMA) bewertet werden. Danach wird für Honig ein maximal erlaubter Rückstandswert festgelegt. Für alle natürlichen Wirkstoffe muss hingegen kein Höchstwert (Maximal Residence Level = MRL) festgelegt werden, da man davon ausgeht, dass

Übersicht der in Deutschland zugelassenen Varroabehandlungsmittel

Präparat	Wirkstoff	Jahreszeit	Brut	Anwendungsform	Anwenderschutz	Behandlungsdauer	Status
Organische Säuren							
Ameisensäure	AS 60 %ad us. vet.	Spätsommer	+	Verdunsten	Stufe 3	KZ/LZ	Frei
	As 85 %)*	Spätsommer	+	Verdunsten	Stufe 3	KZ/LZ	Rp.
MAQS®	68,2 g AS	Frühjahr, Sommer	+	Verdunsten	Stufe 3	KZ	Frei
Oxalsäuredi-hydrat-Lösung 3,5 % ad us. vet.	Oxalsäure	Winter	–	Nur Träufeln	Stufe 3	KZ	Ap.
OXUVAR®	Oxalsäure	Winter	–	Nur Träufeln	Stufe 3	KZ	Ap.
Milchsäure ad us. vet.	Milchsäure 15 %	Sommer/ Winter	–	Sprühen	Stufe 2	KZ	Frei
Ätherische Öle							
Apiguard®	Thymol	Spätsommer	+	Einstellen	Stufe 2	LZ	Ap.
ApiLife VAR®	Thymol, Menthol, Kampfer, Eukalyptusöl	Spätsommer	+	Einlegen	Stufe 2	LZ	Ap.
Thymovar®	Thymol	Spätsommer	+	Einlegen	Stufe 2	LZ	Ap.
Perizin®	Coumaphos	Winter	–	Träufeln	Stufe 1	KZ	Ap.
Bayvarol®	Flumethrin	Spätsommer	+	Einhängen	Stufe 1	LZ	Ap.

Hersteller: Andermatt BioVet, Bayer-Vital, Chemicals Life, Serumwerke Bernburg
Gebrauch:
Ad. us. vet. bedeutet: „ad usum veterinarium" d. h. „für den tierärztlichen Gebrauch" bzw. der Wirkstoff ist in dieser Form als Tierarzneimittel zugelassen.
Status:
Frei = frei verkäuflich
Ap. = Apothekenenpflicht und Eintrag ins Bestandsbuch
Rp. = Rezeptpflicht, Apothekenpflicht und Eintrag ins Bestandsbuch
Anwenderschutz:
Stufe 1: Schutzhandschuhe, Hautkontakt vermeiden
Stufe 2: (zusätzlich zu Stufe 1) Einatmen vermeiden
Stufe 3: (zusätzlich zu Stufe 2) Schutzbrille, säurefeste Handschuhe und Schürze (Wasser für den Notfall bereitstellen)
*) in Deutschland nicht zugelassen (in der Schweiz zugelassen)

nach einer Behandlung mögliche Rückstände unbedenklich für die Gesundheit des Konsumenten sind.

Trotzdem sind Rückstände von organischen Säuren im Honig nicht unbedingt zulässig. Grundlage dafür ist die Honigverordnung, die im Wesentlichen den internationalen Regeln folgt. Danach dürfen dem

Honig weder fremde Stoffe zugesetzt noch honigeigene entzogen werden, Honig darf keinen künstlich veränderten Säuregrad besitzen sowie keinen fremden Geruch und Geschmack aufweisen.

Von Natur aus im Honig

Alle organischen Säuren sind natürlicherweise im Honig enthalten. Den höchsten Gehalt von Ameisensäure findet man mit im Durchschnitt von etwa 700 mg/kg in Edelkastanienhonigen. Bei Wald- und Rapshonig liegt er mit weniger als 50 mg/kg deutlich niedriger. Der Gehalt an Oxalsäure liegt je nach Honigsorte zwischen einem und 800 mg/kg. In Honigtau-Honigen ist er mit 64 mg/kg doppelt so hoch wie in Blütenhonigen, aber nur halb so hoch wie im Heidehonig. Wesentlich variabler ist der Gehalt von Milchsäure in den einzelnen Honigen. In Blütenhonigen schwankt er zwischen 40 bis 400 mg/kg.

Auch ätherische Öle sind Bestandteil verschiedener Honige, wenn auch deutlich niedriger und manchmal nur in Spuren. Mit 0,16 mg/kg ist der Gehalt im Lindenhonig am höchsten, während er in Honigen von Sonnenblume und Edelkastanie nur etwa ein Zehntel davon beträgt.

Natürlicher Gehalt in Honigen und geschmackliche Wahrnehmung				
Wirkstoff	Waldhonig		Rapshonig	
	Natürlicher Gehalt	Geschmacks-Schwelle	Natürlicher Gehalt	Geschmacks-Schwelle
Ameisen-säure	15–90	150	20–35	150
Milchsäure	90–140	300	30–60	300–700
Oxalsäure	30–95	450	5–25	50–200
Kampher		5–10[*]		5–10[*]
Menthol		20–30[*]		20–30[*]
Thymol		1–2[**]	Sehr gering?	1–2

(Verändert nach Boeking und Kubersky, 2008 sowie Bogdanov et al., 1999)
[*] in Akazienhonig   [**] in Rapshonig

Wartezeit

Auch wenn die Wartezeit bei allen Arzneimitteln mit natürlichen Wirkstoffen „Null" beträgt, darf aufgrund der Warnhinweise erst im Folgejahr Honig geerntet werden. Ebenso darf man das Medikament nicht während der Tracht oder Honigernte anwenden. Aber auch bei einer Behandlung im Frühjahr wären die Rückstände bis zum Einsetzen der Tracht noch zu hoch. Deshalb sollten Völker, die der Honiggewinnung dienen, ab Anfang Januar bis Trachtschluss nicht mehr behandelt werden.

Werden bei der Behandlung der Varroose die vom Hersteller vorgeschriebenen Anwendungsvorschriften und Wartezeiten nicht eingehalten, können Rückstände von organischen Säuren und ätherischen Ölen auftreten und den Geschmack des Honigs so beeinflussen, dass er bei der amtlichen Kontrolle beanstandet wird.

Die einzelnen organischen Säuren werden in den verschiedenen Honigen bei unterschiedlichen Konzentrationen wahrgenommen (siehe Tabelle S. 130). Vor allem bei aromaschwachen Honigen wie Akazienhonig liegt die Geschmacksschwelle niedriger als in aromatischen wie Waldhonig. Thymol wird im Honig bei 1,1 bis 1,3 mg/kg sicher aber bereits darunter wahrgenommen, weshalb man in der Schweiz einen Grenzwert von 0,8 mg/kg festgelegt hat.

Eine gewisse Belastung des Wachses ist nicht zu vermeiden, deshalb sollten Waben aus dem Brutraum nicht in den Honigraum gelangen. Hier hilft im Notfall nur eine gute Durchlüftung weiter.

Welche Nebenwirkungen sind möglich?

Varroamilben sind in allen Völkern verbreitet und können nicht restlos eliminiert werden. Bei der Behandlung gilt daher die Devise: so viel wie nötig, aber so wenig wie möglich, denn jedes Mittel hat auch unerwünschte Nebenwirkungen. Mit jeder Behandlung, egal ob Medikamente mit natürlichen oder synthetischen Wirkstoffen verwendet werden, tötet man auch die nützlichen Bakterien und Pilze ab. Diese sogenannten Antagonisten sind für das Bienenvolk wie auch für jedes andere Tier entscheidend bei der Abwehr von Krankheiten. Bei einer zu häufig wiederholten Behandlung werden die Bienenvölker anfälliger für Krankheiten wie Kalk- und Sackbrut.

Besonders kritisch sind Wirkstoffe, wie die synthetischen Varroazide, die sich im Wachs anreichern. Sie führen, wie viele der als Akarizide oder Insektizide eingesetzten Pflanzenschutzmittel, zu subletalen Schäden. So konnten vor kurzem für Pflanzenschutzmittel der Gruppe der Neonicotinoide eine Verminderung der Gedächtnisleistung der Bienen nachgewiesen werden. Dadurch fällt es den Bienen beispielsweise schwerer in ihr Nest zurückzufinden

Schäden als Folge der Behandlung können aber auch direkt sichtbar werden. Wenn Ameisensäure oder Thymol zu stark verdunstet, kann Brut im Bereich des Applikators geschädigt oder abgetötet werden. Beim Träufeln von Perizin aber auch Oxalsäure sterben häufig die zuerst getroffenen Bienen ab.

Wann entstehen Resistenzen?

Krankheitserreger und Parasiten können gegen einen bestimmten Wirkstoff resistent werden. Ursachen sind häufig falsche Dosierungen oder Anwendungen. Bei der Varroamilbe sind europaweit zurzeit Resistenzen gegen verschiedene Wirkstoffe bekannt. Dazu gehören die nicht überall in Europa zugelassenen synthetischen Pyrethroide (Bayvarol), Cumaphos (Perizin) und Amitraz. Aber auch bei natürlichen Substanzen wie beispielsweise Thymol sind Resistenzen möglich, wenn auch seltener. Daher ist in allen Fällen dringend angeraten, nach der Behandlung deren Erfolg anhand des natürlichen Milbenabfalls im Gemülle oder mit Hilfe der Puderzuckermethode bei lebenden Bienen zu überprüfen.

Alternative Behandlungsmethoden

Brutentnahme

In brütenden Bienenvölkern halten sich über 90 % der Varroamilben in der Brut auf. Der ursprüngliche Wirt dieses Parasiten, die asiatische Honigbiene *Apis cerana*, nutzt dies zur erfolgreichen Abwehr eines starken Befalls. Alle Bienen ziehen als Schwarm aus dem Nest und lassen Brut und Vorräte zurück, um mit einem Neuanfang das Überleben des Volkes zu sichern.

Da die Europäischen Bienen dieses Verhalten nur sehr selten zeigen, muss der Imker nachhelfen, indem er nach dem Prinzip „Schwarm" dem Volk alle Brutwaben entnimmt. Je nach Befall kann man nun die Brut vernichten oder damit Brutsammler bilden. Diese werden sofort mit Ameisensäure oder, sobald alle Brut geschlüpft ist, zum Beispiel mit Milchsäure behandelt. Den brutlosen Schwarm kann man sofort mit Milchsäure besprühen.

Zieht man das Verfahren im Juli durch, herrscht anschließend noch ausreichend Tracht, um den Bautrieb des Bienenvolks in Gang zu halten. Auch die gedeckelte Brut ist meist noch nicht zu stark befallen, sodass gesunde Bienen aus der entnommenen Brut schlüpfen. Später im Jahr wird die Situation immer kritischer. Ab Mitte August vernichtet man besser die Brut, da die schlüpfenden Bienen wegen der Infektion mit Viren kurzlebiger sind und man damit die Empfängervölker eher schwächt. Kritisch sind in dieser Zeit vor allem die unsichere Versorgung der Völker und die Aufzucht der Winterbienen.

Wärmebehandlung

Eine Wärmebehandlung beruht darauf, dass die Milben bei Temperaturen ab 49 °C unruhig werden und abfallen. Viele werden auch durch die Wärme so geschädigt, dass sie schnell absterben. Im Bienenvolk ist es schwierig, überall eine ausreichend hohe Temperatur zu erreichen, ohne dass in einzelnen Bereichen das Wachs zu schmelzen beginnt.

Am besten haben sich Umluftverfahren bewährt. Man kann Brutwaben auch in einen Wärmeschrank oder -box über längere Zeit auf 49 °C erhitzen, um die Milben und ihre Nachkommen in den Brutzellen abzutöten. Alle Verfahren sind zeitaufwendig und erfordern einen größeren apparativen Aufwand. Die Anschaffung der Geräte lohnt sich nur für Gemeinschaften oder, falls man den Zeitaufwand nicht scheut, auch für größere Betriebe.

Im natürlichen Volk treten Überhitzungen wie bei der Wärmebehandlung nur bei hohen Außentemperaturen und kurz vor dem Verbrausen auf. So ist sie zwar noch naturgemäß, aber doch ein große Belastung für Brut und Bienen. Die Entnahme von Brutwaben aus Völkern zur isolierten Wärmebehandlung ist zwar weniger belastend für die Bienen, aber ein Schritt zum „Baukasten-Bienenvolk" und daher mit einer naturgemäßen Bienenhaltung nicht vereinbar.

Gut zu wissen

Auch wenn es für manche ungewöhnlich klingt, aber das Kunstschwarmverfahren ist, selbst wenn man sämtliche Brut vernichtet, naturgemäß. In Frühtrachtgebieten funktioniert das Verfahren mit etwas Erfahrung recht gut. Während man in Spättrachtgebieten den besten Zeitpunkt für den eigenen Standort und die Betriebsweise suchen muss.

Kleine Zellgrößen

Vor einigen Jahren meinten nordamerikanische Züchter nachgewiesen zu haben, dass die in kleineren Zellen mit einer Größe von 4,8 bis 4,9 Millimeter aufgezogenen Bienen widerstandsfähiger gegen die dort eingeschleppte Tracheenmilbe seien. Dies blieb später erhalten, als die Varroamilbe auch Nordamerika erreicht hatte. In anderen Untersuchungen konnte nachgewiesen werden, dass nicht die Größe der Bienen, sondern der Raum zwischen Zellwand und Puppe entscheidend ist. Je geringer das Platzangebot, desto mehr Nachkommen der Varroamilbe starben ab.

Um im Sinne dieser „Kleine-Zellen-Theorie" diesen Größenunterschied hinzubekommen, bot man den Bienen Mittelwände mit vorgeprägten Zellböden von 4,9 bis 5,1 Millimeter Durchmesser an. Doch mit Mittelwänden allein konnte man die Vermehrung der Milben nicht wirklich stoppen, denn mit der Größe der Zelle änderte sich auch die der Biene und dies glich den Abstand zur Zellwand wieder aus. Schließlich kam man auf die Idee, mit entsprechend kleinzelligen Kunststoffwaben im Brutraum der Varroamilbe beizukommen. Viele sind dieser Theorie gefolgt, ohne dass die Methode bisher wirklich überzeugen konnte.

In einer naturgemäßen Bienenhaltung muss man Kunststoffwaben sowieso ablehnen. Besonders das Material ist im Bienenvolk ein Fremdkörper. So unterscheiden sich die Schwingungseigenschaften von Kunststoff- und Wachswaben gravierend, wodurch die Kommunikation der Bienen wesentlich behindert wird (siehe S. 42). Andererseits besteht bei künstlich in ihrer Größe veränderten Bienen immer die Gefahr, dass Vitalität und Lebensdauer beeinträchtigt werden (siehe S. 43).

Nachbarvölker gleichzeitig behandeln

Egal ob man die Varroamilbe mit chemischen, biotechnischen oder physikalischen Methoden bekämpft, entscheidend ist das Ergebnis: ein Milbenbefall unterhalb der Schadenschwelle. Kritisch wird es immer dann, wenn die Bekämpfung in einem Gebiet zu unterschiedlichen Zeiten erfolgt, denn Bienen aus stark befallenen Völkern verfliegen sich häufig. Darüber hinaus verteidigen sie ihr Nest immer weniger. So kann es innerhalb kurzer Zeit zur Übertragung von mehreren tausend Milben in Nachbarvölker kommen, die die dortige Behandlung unwirksam machen. Man achtet daher besonders darauf, dass die Bienenvölker in der Nachbarschaft im gleichen Zeitraum wie die eigenen behandelt werden. Nur gemeinsames Handeln führt hier letztendlich zum Erfolg.

Tropilaelaps-Milben

In der Zeit der weltweiten Verbreitung der Varroamilbe wurde allgemein erwartet, dass die ebenfalls in Asien beheimatete Tropilaelaps-Milben unmittelbar folgen würden. Denn beide sind auf die dort eingeführte *Apis mellifera* übergestiegen. Weiterhin sind beide in ihrer Biologie und Schadwirkung sehr ähnlich. Dies gilt aber nur für einige der *Tropilaelaps*-Arten. Trotzdem hat dieser Parasit Asien nie wirklich verlassen. Zumindest ist es zweifelhaft, ob es sich bei den beobachteten Vorkommen außerhalb Asiens tatsächlich um Arten der Gattung *Tropilaelaps* handelte.

Vermutlich wiegt ein Unterschied zur Varroamilbe doch schwerer als erwartet: Denn Tropilaelaps-Milben können wegen ihrer mehr eiförmigen Körperform und der eher schwachen Mundwerkzeuge nicht auf adulten Bienen parasitieren. Um zu überleben, sind sie auf die Bienenbrut angewiesen. Ohne sie gehen sie nach wenigen Tagen ein. Zumindest in Regionen, in denen die Bienenvölker zeitweise keine Brut aufziehen, hat sie sich nicht etablieren können.

Trotzdem besteht, ähnlich wie beim Kleinen Beutenkäfer, auch hier kein Grund, die Handelsbeschränkungen der EU aufzuheben. Denn auch bei uns könnte der Parasit dort überleben, wo die Brutaufzucht der Bienen nur kurz oder gar nicht unterbrochen wird. Dies gilt vor allem für alle wärmeren Regionen. Aber auch stark mit Varroamilben befallene Völker unterbrechen vermutlich wegen der entstehenden Unruhe die Brutaufzucht nicht oder nur für kurze Zeit.

Bio-Check: Krankheiten

Bereich	Vorschrift	EU	Verbände							
			BK	BL	DE	EL	NL	Gä	BA	BS
Allgemein	Selbstheilung anstreben		X		X		X			
Behandlungsmittel	Ameisensäure	X	X	X	X	X	X	X	X	X
	Ätherische Öle	X	X				X	X	X	
	Essigsäure	X			X	X	X	X	X	
	Milchsäure	X	X	X	X		X	X		X
	Oxalsäure	X	X	X	X	X	X	X	X	
	Zitronensäure							X		
	Nur zwischen letzter Ernte und 15. Januar				X					
	Chemisch synthetische Mittel verboten		X	X				X		
	Biotechnisch		X	X		X	X			
Bekämpfungs-methoden	Biophysikalisch		X	X		X	X	X		
	Wärmebehandlung		X	X	X			X	X	
	Brutentnahme (allgemein)					X				
	Drohnenbrutentnahme	X	X	X	X	X	X	X		X
	Kunstschwarmbildung					X				

EU = EU-Ökoverordnung / BK = Biokreis / BL= Bioland / DE= Demeter / EL= Ecoland / NL= Naturland / Gä= Gäa /
BA = Bio Austria / BS= Bio Suisse
(Vorstellung der Verbände auf Seite 156)

EU-Ökoverordnung

Grundsätzlich erlaubt das EU-Recht in der ökologischen Imkerei die Anwendung aller im jeweiligen Land zugelassenen Medikamente. Wird von der Veterinärbehörde eine Behandlung mit chemischsynthetischen allopathischen Mitteln (Medikamente der Schulmedizin) angeordnet, so muss auch die Öko-Imkerei dieser Anweisung folgen. Die Völker muss man dann isoliert aufstellen und sämtliches Wachs entnehmen. Danach muss erneut eine Umstellungsfrist von einem Jahr eingehalten werden. Ohne Auflagen können für die chemische Bekämpfung der Varroamilbe dagegen organische Säuren wie Ameisensäure, Milchsäure, Essigsäure und Oxalsäure ebenso wie die ätherischen Öle Eukalyptol, Kampfer, Menthol und Thymol verwendet werden. Kombinationen von Oxalsäure mit ätherischen Ölen sind dagegen nicht zugelassen. Ebenso sind außer Träufeln, zumindest in Deutschland, keine anderen Anwendungsformen der Oxalsäure erlaubt.

Bio-Verbände

Bei der Wahl und Anwendung von Behandlungsmitteln schränken alle Verbände die EU-Verordnung wesentlich ein. So dürfen bei nahezu allen keine chemotherapeutischen Medikamente außer Ameisensäure, Milchsäure und Oxalsäure verwendet werden. Nur Biokreis und Naturland erlauben darüber hinaus Medikamente mit dem ätherischen Öl Thymol. Die anderen Verbände lehnen dies wegen möglicher Veränderung des Honiggeschmacks und der Anreicherung im Wachs ab (siehe S. 130). Während die EU-Verordnung keine Angaben zum Behandlungszeitraum macht, endet dieser bei Naturland sechs Wochen vor der nächsten Tracht und liegt bei Biokreis „außerhalb" der Tracht. Wenn bei Demeter in der laufenden Saison behandelt wird, darf dieser Honig nicht mehr unter deren Markenzeichen vermarktet werden. Nach den heute üblichen Bewertungskriterien liegen alle diese Angaben zu nahe an einer möglichen Tracht. Nur die Festlegung von Bioland auf den 15. Januar als Stichtag für die letzte Behandlung ist praxistauglich und birgt die geringsten Gefahren. Im Endeffekt muss man sich aber an die Behandlungsvorschriften des Herstellers bzw. der Zulassungsbehörde halten.

Zur Bekämpfung von Krankheiten wird von den meisten Bio-Verbänden auch auf biotechnische und biophysikalische Verfahren verwiesen. Demeter erlaubt ausdrücklich Verfahren wie Brutentnahme und Kunstschwarmbildung. Dieser Hinweis ist besonders bei Demeter sehr wichtig. Denn nicht nur bei ökologischen, sondern auch bei konventionellen Imkern kommt häufig die Frage auf, ob die Drohnenbrutentnahme oder auch das Kunstschwarmverfahren noch als wesens- bzw. naturgemäß eingestuft werden dürfen (siehe S. 111 und 148). Auch aus ethischer Sicht ist dies zu bejahen.

Mit Ausnahme der Bekämpfung der Varroamilbe erlaubt keiner der Verbände eine chemische Behandlung zur Abwehr von Krankheiten. Man vertraut hier ganz auf die Stärkung der natürlichen Abwehrkräfte der Völker. Lediglich für die wichtige Desinfektion der Beuten gibt es Vorschriften (siehe S. 49 und 61).

Das Bienenjahr in einer naturgemäßen Imkerei

Die Abläufe im vom Menschen nicht beeinflussten Bienenvolk sind von klimatischen Veränderungen und genetischen Vorgaben abhängig. Die früher bei uns verbreitete Landbiene war hieran gut angepasst. Inzwischen hat der Mensch nicht nur Bienen in andere nicht mehr ursprüngliche Regionen versetzt, sondern auch ihre Umwelt verändert. Letztendlich trägt auch die Klimaveränderung zur Verschiebung von Blühzeiten bei. Trotzdem bleiben einige steuernde Faktoren erhalten.

Ein wesentliches Element nicht nur für die Bienen, sondern für die gesamte Natur, ist die Länge der Tage. Die Sonnenwende am 21. Juni stellt den Höhepunkt der Saison dar. In dieser Zeit sind in unseren Breiten natürlicher Weise die Bienenvölker am stärksten. Danach nehmen die Brutaufzucht und damit auch die Zahl der Bienen stetig ab. Die Vermehrung der Völker über Schwärme ist fast abgeschlossen. Das Winterfutter weitgehend eingebracht. Der nächste Zeitgeber ist die Wintersonnenwende am 21./ 22 Dezember. Auf der nördlichen Halbkugel werden die Tage nun wieder länger. Die Bienenvölker beginnen mit der Aufzucht von Brut, obwohl es teilweise erst jetzt richtig kalt wird. Sicher ist die Aufzucht bei Kälte noch eingeschränkt, aber sobald es wärmere Tage mit Ausflügen gibt, nimmt das Brutgeschäft zu, während sich vor der Wintersonnenwende warme Tage weniger auswirken.

Brut- und Bienenentwicklung im Jahresablauf: Das Bienenvolk erreicht seine maximale Stärke zur Zeit der Sonnenwende.

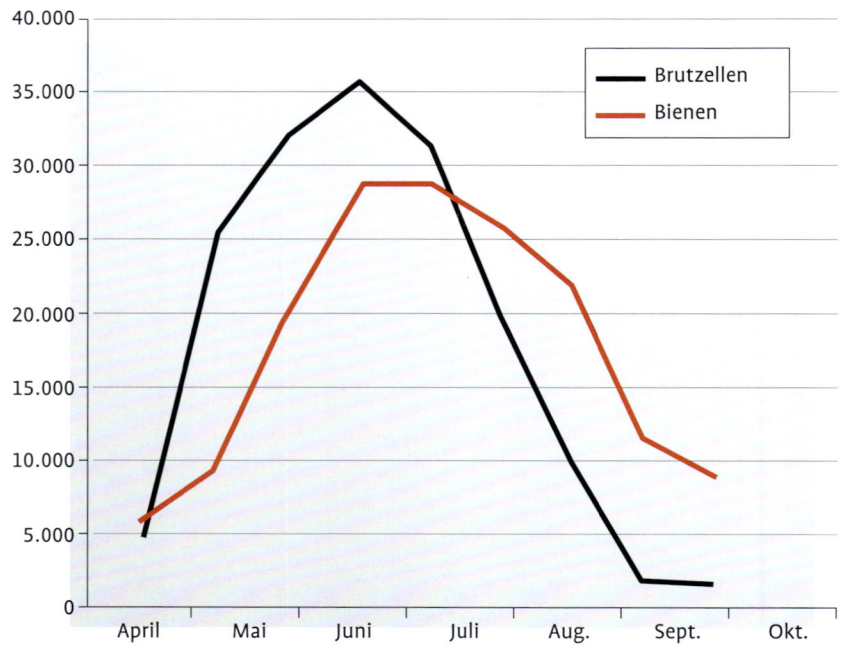

Phänologischer Kalender

Der zweite wohl wichtigste Zeitgeber für das Bienenvolk ist der phäno-logische Kalender: In diesem sind die wichtigen periodisch wiederkeh-renden Erscheinungen in der Natur niedergelegt. Für die Bienen sind naturgemäß die Blütenpflanzen wichtige Zeitgeber. Je nach Region gibt es sehr unterschiedliche phänologische Zeigerpflanzen (siehe Tafeln 1 und 2).

Aber selbst auf kleinsten Raum kann sich das Klima und damit auch der phänologische Kalender durch Meereshöhe, Winde und anderes ver-ändern. An einem Beispiel aus der Umgebung von Freiburg soll dies näher erläutert werden: Im Rheintal mit seinem milden Klima und dort im wegen des vulkanischen Gesteins besonders warmen Kaiserstuhl beginnt das Frühjahr oft zwei bis drei Wochen früher als im nur zehn Kilometer entfernten Freiburg. Weitere 13 Kilometer östlich in einem Seitental des Schwarzwaldes ist durch Schnee auf der Höhe und Abwärts-winde die Vegetation in vielen Jahren ebenfalls zwei bis drei Wochen später als in Freiburg. Innerhalb von 20 Kilometern können sich somit Unterschiede in der Vegetation von bis zu sechs Wochen ergeben.

Gut zu wissen
An lokalen, klein-klimabedingten Vege-tationsunterschieden wird deutlich, wie we-nig man sich bei den Arbeiten am Bienen-volk nach dem tabel-larischen Kalender richten darf. Vielmehr bestimmt der phäno-logische Kalender die Abläufe im Bienenvolk und auch wir sollten im Sinne einer natur-gemäßen Bienenhal-tung unsere Arbeiten danach ausrichten.

Arbeitsabläufe nach dem phänologischen Kalender		
Phänologischer Kalender		**Trachtpflanzen**
Anzeiger	**Jahreszeiten**	**Wildpflanze**
	Winter ab Anfang Dezember	
Blüte: Haselnussblüte (siehe Tafel 1/ Bild 1), Schneeglöckchen	**Vorfrühling** Ab Mitte/Ende Februar	Schneeglöckchen (II–III) Haselnuss (II–III) Erle (II–III) Krokus (II–IV)) Salweide (III–IV) (siehe Tafel 1/Bild 2)
Blüte: Forsythie, Schlehen (siehe Tafel 1/Bild 3, Löwenzahn (siehe Tafel1/Bild 4)	**Erstfrühling** Ab Mitte/Ende März	Buschwindröschen (III–V) Schlehen (IV–VI) März-Veilchen (III–IV)
Obstblüte: Apfel, frühreifende (siehe Tafel 2/Bild 1)	**Vollfrühling** Ab Mitte/EndeApril	Wiesen–Löwenzahn (IV–V) Himbeere (V–VII) Wild-Apfel (IV–V) Wild-Birne (IV–V) Wiesenschaumkraut (IV–VI) Edelkastanie (IV–VII) Birke (IV–V) Heidelbeere (IV–VIII) Schlehe, Schwarzdorn (IV–V)
Blüte: Türkischer Mohn, schwarzer Holunder, Robinie (siehe Tafel 2/Bild 2)	**Frühsommer** Ab Mitte/Ende Mai	Türkischer Mohn (V–VI) Vogelbeere (V–VI) Robine (V–VI) Bergahorn (V–VI) Traubenkirsche (V–VI) (IV–V) Eberesche/Vogelbeere (V–VI) Gewöhnliche Rosskastanie (V–VI) Bärlauch (V) Echter Thymian (V–X) Weißdorn (VI) Fichte (Honigtau)
Blüte: Sommerlinde (siehe Tafel 2/Bild 3) _Ernte:_ Rote Johannisbeeren	**Hochsommer** Ab Mitte/Ende Juni	Sommerlinde (VI) Wegwarte (VII–VIII) Roter Fingerhut (VI–VII) Weißer Steinklee (VI–VIII) Wald-Geißblatt (VI–VII) Brombeere (VI–IX) Winterlinde (VI–VII) Fichte (Honigtau) Tanne (Honigtau)

Nutzpflanze	Bienenvolk	Imkerliche Tätigkeiten
		Reinigungsflüge beobachten Anzeichen für Probleme deuten (Gemülle, Kotspritzer)
	Reinigungsflüge Brutgeschäft beginnt	Reinigungsflüge beobachten, erste Durchsicht der Völker schwache Völker einengen, Futterkontrolle
Aprikose/Marille (III–IV) Stachelbeere (IV–V) Rote Johannisbeere (IV–VI) Sauerkirsche (IV–V) Pflaume (IV)		Schwache Völker einengen, Futterkontrolle, Völker vereinigen
Birne (IV–V) Süßkirsche (V) Kulturapfel, frühreifende (Klarapfel) (IV–V) Spargel (IV–VI) Winterraps (IV–V)		Varroa: Drohnenbrutausschneiden Erweitern der Völker ab Beginn der Kirschblüte Achtung: Kalte Nächte möglich (Eisheilige)
Quitte (V–VI) Kulturapfel, spätreifende (V–VI) Ackerbohne, Saubohne (V–VII)	Schwarmstimmung Völker erreichen den Höhepunkt	Varroa: Drohnenbrutausschneiden Erweitern der Völker Völkervermehrung Honigernte
Büschelschön, Phacelia (VI–VIII) Weißer gelber Senf (VI–VII) Gemüse-Spargel (VI–VII) Saat-Luzerne (VI–IX)	Stärkerer Abgang von Altbienen	Honigernte Varroa: Sommerbehandlung Mitte bis Ende Juli Einwinterung

Arbeitsabläufe nach dem phänologischen Kalender		
Phänologischer Kalender		**Trachtpflanzen**
Anzeiger	**Jahreszeiten**	**Wildpflanze**
Blüte: Heidekraut (siehe Tafel 2/Bild 4), Herbstanemonen *Ernte:* Frühapfel (Klarapfel) *Fruchtreife:* Eberesche	**Spätsommer** Ab Ende Juli/Anfang August	Heidekraut, Besenheide (VI–X) Gewöhnliche Wegwarte (VII–VIII) Wald-Weidenröschen (VII–VIII) Echter Lavendel (VII–VIII) Gewöhnlicher Liguster (VII–VIII) Efeu (VIII–X) Tanne (Honigtau)
Blüte: Herbstzeitlose *Fruchtreife:* Schwarzer Holunder, Kornelkirsche	**Frühherbst** Ab Ende August/ Anfang September	Späte Goldrute (VIII–X) Gewöhnliche Kratzdistel (VIII–X) Sommer-Bohnenkraut (VIII–X)
Ernte: Äpfel, Quitte, Walnüsse *Fruchtreife:* Stieleiche (Eicheln), Rosskastanie	**Vollherbst** Ab Mitte/Ende September	
Ernte: Rüben *Blattverfärbung:* Stieleiche *Blattfall:* Eberesche, Rosskastanie	**Spätherbst** Ab Ende Oktober/Anfang November	
Blattfall: Stieleiche, spätreifende Äpfel *Nadelfall:* Europäische Lärche	**Winter** Ab Anfang Dezember	

	Bienenvolk	Imkerliche Tätigkeiten
Nutzpflanze		
Sonnenblume (VII–IX)		Honigernte
Echter Buchweizen, Heidekorn (VII–X)		Räuberei vermeiden
		Varroa:
		Spätsommerbehandlung Mitte bis Ende August
		Einwinterung
Sommerraps		Einwinterung
		Varooa: Völkerzusammenbrüche!
		Mäusegitter
Topinambur, Erdbirne (X–XI)	Wintertraube	Varroa:
		Völkerzusammenbrüche
	Wintertraube	Varroa:
		Winterbehandlung Mitte November bis Mitte Dezember
		Reinigungsflüge beobachten

„Bio" in Landwirtschaft und Imkerei

Der Verbraucher verbindet mit „Bio" immer ein qualitativ höherwertiges Lebensmittel. Dies ist sicher richtig, da keine synthetischen Stoffe oder „künstlichen" Techniken verwendet werden. Andererseits belegt mancher Test von Verbraucherorganisationen, dass es durchaus auch qualitativ bessere oder zumindest gleichwertige Lebensmittel aus dem konventionellen Bereich geben kann. Hier muss jedoch das Gesamtvorhaben gesehen werden, denn „Bio" schließt neben der Qualität die naturschonende Produktion unter Berücksichtigung der Ökologie und des Umweltschutzes ein.

Die ökologische Landwirtschaft besteht aus Feldwirtschaft und Viehzucht. Im ökologischen Landbau stehen die Senkung des Ressourcenverbrauchs und der Umweltverschmutzung im Vordergrund. So kann durch den Wegfall von Kunstdünger und synthetischen Pflanzenschutzmitteln ebenso wie durch Verminderung des Maschineneinsatzes und der Produktionsleistung pro Fläche Energie gespart werden. Dies schont nicht nur das Klima, sondern auch Böden und Gewässer.

Aber auch die Artenvielfalt und das Landschaftsbild werden vom ökologischen Landbau günstig beeinflusst. In der ökologischen Tierhaltung steht die artgerechte Haltung von möglichst heimischen oder zumindest an die Umgebung angepassten Rassen im Vordergrund. Eine extensive Haltung mit der Vermeidung von langen Transporten wird ebenso vorgeschrieben, wie die Art und Herkunft des verwendeten Futters. Schließlich werden an den Tierschutz besondere Anforderungen gestellt.

Die Vorgaben der EU

Lange Zeit bestanden für die biologische Landwirtschaft keine einheitlichen Regeln. Zumindest war es für den Durchschnittsverbraucher nur schwer zu durchschauen, was sich hinter den vielen Gütesiegeln und Richtlinien wirklich verbarg. Mit der ersten EU-Ökoverordnung im Jahre 1999 (EU-Öko-Verordnung 2092/91) und deren Erneuerung im Jahr 2008 (Verordnung 834/2007 und Durchführungsbestimmungen 889/2008) wurde die Basis für einen in ganz Europa gültigen Standard gelegt. Der Verbraucher weiß seitdem, was er bei dem einheitlichen Ökosiegel mindestens erwarten kann.

Allgemeine Zielsetzungen der ökologischen Landwirtschaft

- Mit Tieren und Pflanzen in der Natur respektvoll umgehen
- Die Natur nicht schädigen
- Natürliche Vielfallt erhalten
- Ressourcen schonen
- Energie sparen und emissionsarme bevorzugen
- Keine synthetischen Stoffe in den Umlauf bringen

Die Besonderheiten der Verbände

Vielen liegt die Messlatte für Bio-Imkerei bzw. Bio-Honige in der EU-Ökoverordnung zu tief. Manche sehen das Gesamtvorhaben „Bio" als stark verwässert an. Die Bio-Verbände haben daher zusätzlich zur EU-Ökoverordnung eigene Richtlinien für die unter ihrem Logo vermarkteten Lebensmittel herausgegeben. Darin können sie die vorgegebenen Voraussetzungen und Ansprüche der EU-Ökoverordnung erweitern, aber nicht reduzieren. Wie weit dies gehen kann, zeigt das Beispiel des auf anthroposophischen Grundsätzen beruhenden Demeter-Verbandes.

Auf jeden Fall haben die Verbände mit jeweils weitergehenden Anforderungen neue, eigene Maßstäbe gesetzt. Dies gibt dem Verbraucher zusätzliche Sicherheit, kann sich aber aufgrund der aufwendigeren Betriebsweise auch in einem höheren Preis niederschlagen. Das ist der Grund, warum zurzeit vermehrt landwirtschaftliche Betriebe auf „Bio" umstellen wollen. Auch mancher Imker sieht darin einen weiteren Grund, auf „Bio" umzusteigen. Im Folgenden werden die Bio-Verbände in Deutschland, Österreich und der Schweiz vorgestellt, die Richtlinien für die Imkerei erstellt haben.

Gut zu wissen
Das EU-Ökosiegel umfasst die Erzeugung und Verarbeitung der Bienenprodukte sowie die Kennzeichnung des Honigs und die Kontrolle der Imkereien. Mit dem staatlichen Bio-Siegel wird die Einhaltung dieser Anforderungen garantiert. Auch Bio-Honige, die aus nicht zur EU gehörenden Ländern (Drittländer) stammen, unterliegen der gleichen Kontrolle.

Biokreis

Der Biokreis entstand 1979 in Bayern und arbeitet heute bundesweit. Er verbindet ökologisch wirtschaftende Landwirte und Lebensmittelverarbeiter sowie ernährungsbewusste Verbraucher. Bundesweit nutzen knapp 1.000 Landwirte mit einer Gesamtfläche von ca. 35.000 Hektar sowie 100 Verarbeiterbetriebe das Biokreis-Siegel. Rund 200 Verbraucher unterstützen die Aktivitäten durch ihre Mitgliedschaft.

Bioland

Die Grundsteine für Bioland wurden in der Schweiz gelegt. 1971 gründete sich der Verband in Deutschland. Heute arbeiten etwa 6.000 Biobauern auf 300.000 Hektar Gesamtfläche und 1000 Lebensmittel-Hersteller wie Bäckereien, Metzgereien, Molkereien, Brauereien, Mühlen, Restaurants, Saftersteller nach den Bioland-Richtlinien. Bioland-Produkte sind in Hofläden, auf Wochenmärkten, in Naturkostgeschäften, in Supermärkten und über einen Lieferservice erhältlich.

Demeter

Demeter steht seit 1928 für Produkte der Biologisch-Dynamischen Wirtschaftsweise. Der Verband geht auf Impulse von Rudolf Steiner zurück, der Anfang des 20. Jahrhunderts auch Waldorfpädagogik und anthroposophische Heilweise initiierte. In Deutschland wirtschaften rund 1400 Landwirte mit über 66.000 Hektar Fläche nach Demeter-Richtlinien. Zu Demeter gehören zudem etwa 330 Demeter-Hersteller und Demeter-Verarbeiter sowie Vertragspartner aus dem Naturkost- und Reformwaren-Großhandel.

Ecoland

Ecoland wurde1997 in Baden-Württemberg gegründet und umfasst heute weltweit 1300 Bauernbetriebe.

Naturland

Naturland fördert seit 1982 den Ökologischen Landbau weltweit und gehört mit über 53.000 Bauern auf mehr als 120.000 Hektar Fläche zu den großen Anbauverbänden. Naturland engagiert sich weit über die Lebensmittelproduktion hinaus, so zum Beispiel in den Bereichen ökologische Waldnutzung, Textilherstellung und Kosmetik.

Gäa

Gäa wurde 1990 gegründet. Heute sind dem Verband annähernd 500 Biohöfe mit über 50.000 Hektar Fläche angeschlossen. Darüber hinaus gehören dem Verband 22 Unternehmen aus Verarbeitung und Handel an. Klassische Familienbetriebe mit Hofverarbeitung und Hofläden stellen einen wichtigen Teil des Verbandes dar.

Bio Austria

Seit 1929 gibt es in Österreich Bio-Verbände. Zunächst schlossen sie sich zu einem Netzwerk zusammen und gründeten im Jahr 2005 Bio Austria als den großen gemeinsamen Bio-Verband. Bio Austria gehören etwa 14.000 Mitglieder und 250 Kooperationsbetriebe an. Bio Austria vertritt etwa 70 % der 20.000 Bio-Bauern Österreichs und ist damit einer der größten Bio-Verbände der EU.

Bio Suisse

Bio Suisse setzt sich seit 1981 für mehr Nachhaltigkeit in der Landwirtschaft ein. Im dem Dachverband sind 33 kantonale und regionale Organisationen zusammengefasst, die unter dem Gütesiegel Bio Suisse Knospe vermarkten. Über 5700 Landwirtschafts- und -Gartenbaubetriebe sind angeschlossen und wirtschaften nach den Bio Suisse Richtlinien. Danach richten sich auch die über 800 lizenzierten Verarbeitungs- und Handelsbetriebe bei der Arbeit mit ihren Knospe-Produkten.

Die Bio-Imkerei

In der ökologischen Landwirtschaft sollen nicht nur Rückstände vermieden werden. Man möchte sich ebenso von einer auf Massenproduktion ausgerichteten konventionellen Landwirtschaft abgrenzen. Hohe Tierschutzstandards sowie verhaltensbedingte Bedürfnisse der Tiere müssen berücksichtigt werden. Für Honigbienen im Vergleich zu anderen Tiergruppen findet man hierzu nur wenige spezielle Vorschriften. Das überrascht nicht. Honigbienen können als nicht vollständig an den Menschen angepasste (teildomestizierte) Nutztiere auch ohne Unterstützung des Imkers leben. Andererseits spielen im Tierschutz heftig diskutierte Fragen wie Auslauf, Käfiggröße, Massenhaltung und Größe des Genpools, wenn überhaupt, hier nur eine geringe Rolle.

Was bedeutet Bio in der Imkerei?

Ökologisch oder konventionell arbeitende Imker wollen beide einen qualitativ hochwertigen Honig produzieren. Dabei gibt es jedoch Unterschiede: In der ökologischen Bienenhaltung muss die Produktion weitgehend tier- und umweltschutzgerecht erfolgen. Diesen Anspruch erfüllen häufig auch konventionelle Imker. Doch will man dies dem Kunden mit der Bezeichnung „Öko" oder „Bio" garantieren, müssen zusätzliche Bedingungen erfüllt werden. Ein Gütesiegel macht nur Sinn, wenn es dafür festgelegte Regeln gibt, deren Einhaltung von einer unabhängigen Stelle kontrolliert wird.

Die Umstellung

Natürlich darf das EU-Logo nicht jeder nutzen, der meint, Öko zu produzieren. Zunächst muss man nach den Vorgaben in der EU-Ökoverordnung und gegebenenfalls nach den Richtlinien der Bio-Verbände den Betrieb umstellen.

Nach EU-Richtlinien

Zunächst muss man seinen Betrieb bei einer Öko-Kontrollstelle zur Umstellung anmelden. Nach Abschluss des Kontrollvertrages beginnt eine Umstellungszeit von mindestens zwölf Monaten. So lange muss man mindestens nach EU-Ökorichtlinien imkern, bevor der Honig mit dem Öko-Label vermarktet werden darf. In so kurzer Zeit gelingt dies nur demjenigen, bei dem schon alles vor der Anmeldung nach Öko-Grundsätzen lief. Bei den anderen hängt der Zeitraum vom Umfang der notwendigen Veränderungen ab.

Neben der eventuellen Erneuerung der Beuten ist der Austausch des vorhandenen Wachses gegen Bio-Wachs die grundlegendste Maßnahme. Dabei darf auch nicht-ökologisches Wachs verwendet werden, wenn kein Bio-Wachs auf dem Markt erhältlich ist, es „rückstandsfrei" ist und von der Entdeckelung oder aus Naturwabenbau stammt.

Doch nicht immer grenzt man gegenüber Konventionellem so klar ab. Speziell für Betriebe, die Bienen ausschließlich für die Bestäubung halten, erlaubt die EU-Verordnung die Teilumstellung. Gerade in der Imkerei, bei der sich weder Betriebsmittel noch Bienenvölker klar trennen lassen, ist diese Möglichkeit jedoch kaum nachzuvollziehen und trotz der in der Richtlinie genannten Bedeutung der Bienen als Bestäuber grundsätzlich abzulehnen.

Gut zu wissen

Bei Neugründung eines Betriebes entfällt der Umstellungszeitraum, wenn alle Bienenvölker auf Mittelwänden oder Waben aus biologischer Produktion oder Imkereien gehalten werden. 10 % der Königinnen und Schwärme können dann aus konventioneller Betriebsweise stammen.

So wird's gemacht!

Wachserneuerung

Die kontinuierliche Umstellung gelingt nur, wenn man Folgendes berücksichtigt:

- Im eigenen Wachskreislauf arbeiten
- Ausschließlich Wachs aus der Entdecklung der Honigwaben, von Baurahmen und Naturbau verwenden
- Auf synthetische und in der Bio-Imkerei nicht erlaubte Stoffe wie Medikamente, Desinfektionsmittel und Mittel zur Bekämpfung von Wachsmotten verzichten
- Fremdwachs – wenn überhaupt – nur mit entsprechendem Nachweis der Freiheit von Rückständen einbeziehen

So wird's gemacht!

Umstellung auf Bio

Beabsichtigt man in Zukunft Waren wie Honig unter dem EU-Bio-Label oder eines Bio-Verbandes zu vermarkten, so muss man seinen Betrieb nach den Richtlinien der EU-Ökoverordnung bzw. des jeweiligen Verbandes umstellen. Im Einzelnen geht man wie folgt vor:

- Information über Anforderungen der EU-Ökoverordnung und eventuell des jeweiligen Bio-Verbandes einholen
- Vertrag mit einer anerkannten Kontrollstelle über die Umstellung abschließen
- Erste Kontrolle: Betriebseinrichtungen, Standorte und Aufzeichnungen von Ein- und Verkauf wird durchgeführt
- Anmeldung des Betriebes bei der zuständigen staatlichen Stelle
- Einzelheiten über Art und Umfang der Wachsumstellung klären
- Konventionelles Wachs darf nur verwendet werden, wenn kein Bio-Wachs erhältlich ist oder nachgewiesen rückstandsfreies Entdeckelungswachs verwendet wird.
- Wachsumstellung auf biologisches Wachs innerhalb von zwölf Monaten durchführen
- Alle Beuten und Geräte an die Anforderung der EU-Ökoverordnung anpassen bzw. wenn notwendig austauschen
- Bienenvölker nach den vorgegebenen Betriebsweisen halten
- Die Umstellung ist abgeschlossen, wenn mindestens ein Jahr lang alle Anforderungen der EU-Ökoverordnung erfüllt wurden.
- Betrieb erhält Zertifikat der Anerkennung und die Erlaubnis, Produkte als „Ware aus biologischer Erzeugung" mit den jeweiligen Bio-Siegeln zu verkaufen

Bei den Verbänden

Im Gegensatz zur EU-Ökoverordnung schreiben die Verbände immer die Umstellung des gesamten Betriebes vor. Wenig Sinn macht es allerdings, den Umstellungszeitraum einzugrenzen: Demeter tut dies auf drei und Naturland auf fünf Jahre. Wer länger braucht, hat eigentlich keine Vorteile, da er seine Produkte nicht, wie auch sonst in der Tierproduktion üblich, als „Erzeugnis aus der Umstellung auf biologische Landwirtschaft" deklarieren darf. Sinnvoll ist dagegen die Forderung einiger Verbände, zur Überprüfung der erfolgreichen Umstellung Sammelproben des Wachses auf Rückstände untersuchen zu lassen.

Die Wachserneuerung

Die eigentliche Herausforderung bei der Umstellung des Betriebes auf Bio ist der Austausch oder die Erneuerung des Wachses. Dieses darf nach der Umstellung keine Rückstände von in Bio-Betrieben nicht zugelassenen Stoffen aufweisen. Man kann dies entweder über einen langen Zeitraum kontinuierlich oder innerhalb weniger Wochen durchführen.

Bio-Check: Umstellungsphase

Bereich	Vorschrift	EU	Verbände							
			BK	BL	DE	EL	NL	Gä	BA	BS
Betrieb	Teilumstellung möglich bei Bestäubungs-imkerei	X	X[3]			X[3]		X[3]	X[3]	
	Umstellung aller Völker notwendig			X			X[1]			
Wachs-umstellung	Während der Umstellung von zwölf Monaten	X	X[2]	X	X[2,5]	X[3]	X[2]	X	X	X
	Nach zwölf Monaten Rückstandsunter-suchung		X				X			
	Bei Ausnahme: Wachs aus konventio-nellem Betrieb nicht mit Rückständen von nicht zugelassenen Mitteln und aus Deckelwachs	X	X[3]	X[3]	X[3]	X[3]	X	X[3]	X[3]	X
Beuten und Geräte	Anpassung in Umstellungszeit		X	X	X[4]					
	Zeitdauer der Verwendung nach Umstel-lung (Jahre)				3		3	5		
Bio-Produkte	Verkauf: Bio-Warenzeichen, wenn zwölf Monate nach Öko-Richtlinien	X	X	X	X	X	X	X	X	X

[1] Umstellung teilweise möglich innerhalb von maximal sechs Jahren
[2] Bio-Wachs am Beginn der Umstellungsphase
[3] Da keine Angabe gilt EU-Ökoverordnung
[4] Im Umstellungszeitraum sind Ausnahmen möglich: geteilter Brutraum, Absperrgitter, Waben aus Mittelwänden im Brutraum
[5] Drei Jahre maximale Umstellungszeit
EU = EU-Ökoverordnung / BK = Biokreis / BL= Bioland / DE= Demeter / EL= Ecoland / NL= Naturland / Gä= Gäa /
BA = Bio Austria / BS= Bio Suisse
(Vorstellung der Verbände auf Seite 156)

Kontinuierliche Umstellung

Bei der kontinuierlichen Umstellung werden nach und nach alte Waben durch neue unbelastete Mittelwände oder Naturwabenbau ersetzt. Eine derartige Umstellung ist dann sinnvoll, wenn ausschließlich niedrige Rückstände im bestehenden Wachsbestand gefunden wurden.

Nach in der Schweiz vorliegenden Erfahrungen dauert es bei Rückstandswerten unter 0,8 mg/kg zwei Jahre bis nach kontinuierlicher Umstellung nichts mehr gefunden wird. Da die Umstellung des Wachses aber nach EU-Verordnung und Verbänden innerhalb von zwölf Monaten erfolgen muss, lohnt sich dieser Weg nur, wenn man Zeit hat und nicht kurzfristig unter dem Bio-Siegel vermarkten will, zumal man auch während der Umstellung die alten Waben beziehungsweie Wachsblöcke nur in die konventionelle Wachsverarbeitung abgeben kann.

Am besten meldet man sich erst zur Umstellung an, wenn die des Wachses bereits abgeschlossen ist oder man es sicher bis zum Ende der Umstellungszeit schafft. Diese Art der Umstellung erfordert über einen langen Zeitraum viel Disziplin und eine gewisse Logistik. Da keine in den normalen Betriebsablauf eingreifenden Veränderungen vorgenommen werden, könnte man dieses Verfahren als noch naturgemäß bezeichnen.

Schnelle Umstellung

Die schnelle Umstellung ist immer dann notwendig, wenn höhere Rückstände von in Bio-Betrieben nicht zugelassenen Stoffen im Wachs gefunden wurden. Dies ist mit großer Wahrscheinlichkeit bei all denen der Fall, die keinen eigenen Wachskreislauf betreiben, Mittelwände für konventionelle Haltung beziehen und synthetische oder nicht im Bio-Bereich zugelassene Behandlungsmittel verwenden.

Wie die Umstellung im Einzelnen abläuft, hängt von dem Ziel und dem finanziellen Aufwand ab. Am einfachsten, aber auch kostenintensivsten, ist es im Kunstschwarmverfahren die Völker auf Mittelwände aus Bio-Wachs umzusetzen.

Strebt man Naturwabenbau an, so sollte die Umstellung über die Bildung von Jungvölkern am besten aus dem Schwarmtrieb heraus erfolgen. Die Muttervölker werden anschließend über das offene Kunstschwarmverfahren umgestellt.

Bleibt noch die Frage, was mit den Brutwaben geschieht. Man kann mit ihnen einen Sammelbrutableger bilden und sie auf mindestens drei Kilometer entfernte Stände stellen. Dort werden alle Nachschaffungszellen bis auf eine entfernt. Nach 22 Tagen ist die Königin begattet und sämtliche alte Brut geschlüpft. Die Bienen werden wie zuvor zu einem Kunstschwarm abgekehrt. Sämtliche Altwaben werden vernichtet oder in die Aufbereitung von konventionellem Wachs abgegeben.

Soll die Umstellung erst nach Ende der Honigernte erfolgen, wird man alle Völker einem offenen Kunstschwarmverfahren unterziehen. Überraschend ist für manchen die Aussage, dass auch die Vernichtung der Brutwaben noch naturgemäß ist. Schließlich wählen Bienenvölker in den ursprünglichen Verbreitungsgebieten der bei uns neuen Krankheiten und Parasiten gerade diese Art der Abwehr und verlassen als gesamtes Volk das alte Nest (siehe S. 111). Scheut man trotzdem diesen Weg, kann man auch die Muttervölker an konventionelle Betriebe weiter verkaufen. Damit kann man am Ende die ganze Umstellung auch nahezu kostenneutral gestalten.

Die Erneuerung der Beuten und Geräte

In der Bio-Imkerei dürfen die Beuten nur aus überwiegend natürlichen Materialien bestehen (siehe S. 27). Alle Geräte und Behälter, die mit Honig oder Pollen in Berührung kommen, müssen den Vorschriften entsprechen (siehe S. 98 und 109). Sonst müssen sie bei der Umstellung des Betriebes ersetzt werden. Mit Rückständen belastetes oder mit anderen Stoffen eventuell kontaminiertes Material wird ebenfalls ausgetauscht oder mit zulässigen Methoden gereinigt oder desinfiziert.

Zertifizierung des Betriebes

Ist die Umstellung abgeschlossen und hat der Betrieb mindestens ein Jahr unter den Vorgaben der EU-Ökoverordnung oder den Richtlinien des

So wird's gemacht!

Kunstschwarm

Die schnelle Umstellung im Kunstschwarm gelingt, wenn man folgender-
maßen vorgeht:

- Die Königin käfigen und in neue Beute
  hängen
- Alte Beute gegen neue mit Mittelwänden aus rückstandsfreiem Wachs
  oder Bauhilfen austauschen
- Beutendeckel schließen
- Um zum Beispiel Wachsteilchen zu
  entfernen, wird die Zeitung entsorgt
  beziehungsweise das Holzbrett oder
  die Pappe gereinigt
- Flugloch wegen Gefahr von Räuberei
  klein halten
- Bei keiner oder geringer Tracht kontinuierlich füttern

- Um die Bienen aus den entnommenen
  Brutwaben zu erhalten, kann man sie
  anderen Völkern zuhängen oder Sammelbrutableger bilden(siehe dort)
- Müssen gleichzeitig infektiöse Krankheiten wie Faulbrut bekämpft werden,
  gibt man zunächst drei bis fünf mit
  Bauhilfen versehenen Oberträger in
  die Beuten. Nach drei Tagen werden
  diese vernichtet und wie beschrieben
  gegen Rähmchen mit Mittelwänden
  oder Bauhilfen ausgetauscht. Damit
  keine Wachspartikel in die neue Beute
  gelangen, werden die Bienen auf ein
  vor dem Flugloch angebrachtes Holzbrett oder eine Pappe geklopft oder
  gefegt

Sammelbrutvolk

Werden die Brutwaben anderer Völkern
zugehängt, muss man zuvor alle Bienen
abkehren:

- Königin muss sicher im zuvor abge-
  kehrten Schwarm sein
- Brutwaben aus mehreren Völkern in
  eine leere Beute geben
- Nach einer Woche alle Nachschaffungszellen bis auf eine entfernen

- Nach 22 Tagen ist die Königin gerade
  in Eilage gegangen und sämtliche alte
  Brut geschlüpft
- Bienen in Kunstschwarm abkehren
- Eventuell zur Varroabehandlung mit
  Milchsäure besprühen (siehe S. 128)
- Sämtliche Altwaben vernichten oder
  in einen Betrieb zur Aufbereitung von
  konventionellem Wachs abgeben

Sammelbrutableger

Wenn man einen Sammelbrutableger
bilden will, darf beim Kunstschwarm nur
der größte Teil der Bienen abgekehrt
werden.

- Königin muss sicher im zuvor abge-
  kehrten Schwarm sein
- Mit Rest-Bienen besetzte Brutwaben
  aus mehreren Völkern in leere Beuten
  geben

- Auf einen mindestens drei Kilometer
  entfernten Stand aufstellen
- Bei offenem Gitterboden Fluglöcher
  drei Tage geschlossen halten
- Wie unter Sammelbrutvolk zuvor
  beschrieben weiter verfahren

jeweiligen Bio-Verbandes gearbeitet, erhält man nach der entsprechenden Überprüfung (siehe unten) von der Kontrollstelle ein Zertifikat. Auf
diesem sind Name und Anschrift des Betriebes, die von der Kontrollstelle
vergebene Codenummer und eine Geltungsdauer von einem Jahr angege-

ben. Nun darf man auf seinen Produkten das EU-Gütesiegel und eventuell zusätzlich das Siegel des jeweiligen Bio-Verbandes führen.

Ein Öko-Label für die EU

Bio-Produkte können Sie an dem von der EU im Jahr 2010 neu eingeführten Öko-Label erkennen: Ein Pflanzenblatt aus weißen Sternen auf grünem Grund. Nur die ebenfalls zusätzlich erlaubten Logos der Ökoverbände stehen für mehr, nämlich für die Einhaltung der zusätzlichen Anforderungen der einzelnen Verbände. Damit der Verbraucher weiß, wer das Ganze überwacht, müssen auch die von der Kontrollstelle vergebene Codenummer (zum Beispiel DE für Deutschland) und der Ort der Erzeugung der landwirtschaftlichen Ausgangsstoffe angegeben werden.

Die restlichen Angaben auf dem Etikett entsprechen denen beim konventionellen Honig. Zusätzlich zur Verkehrsbezeichnung Honig kann man die regionale Herkunft und Sorte auf dem Etikett angeben. Bei der Sortenangabe ist besondere Vorsicht angesagt, denn diese führt zu den häufigsten Beanstandungen bei Lebensmittelkontrollen. Besser als Strafe ist der Verzicht und man gibt nur „Honig" an.

Auf jeden Fall muss das Mindesthaltbarkeitsdatum (MDH) drauf stehen. Wie viele der maximal üblichen 24 Monate man ab dem Zeitpunkt des Abfüllens für die Qualität garantieren möchte, liegt ganz im Ermessen und der Verantwortung des Imkers. Da man für sein Produkt haftet, muss man sicher ein, dass es bei sachgerechter Lagerung zum Ablauf der Haltbarkeit noch den spezifischen Eigenschaften entspricht. Am besten gibt man Monat und Jahr an.

Mit der Angabe des genauen Datums kann man auf die Loskennzeichnung verzichten. Diese ist sonst eine wichtige Möglichkeit, den Schaden einzugrenzen, wenn Honig beanstandet und nicht zum Verkauf freigegeben wird. Verkauft man mit Gewährstreifen, entspricht dessen Num-

So wird's gemacht!

Etikett mit Hinweisen auf Aufzählung

Die Angaben auf dem Etikett sind zum größtenteils gesetzlich vorgeschrieben und nur wenige können frei gewählt werden.

- Bio-Verbandssiegel
- EU-Bio-Label: Mindestgröße 9 x 13,5 Millimeter[1]
- Öko-Kontrollstelle: Code-Nummer
- Ursprungsland[3]
- Losekennzeichnung[4]
- Mindesthaltbarkeitsdatum[5]
- Füllmenge: mindestens 4 Millimeter hoch nach Eichgesetz[2]

- Verkehrsbezeichnung: zum Beispiel Honig[3,5]
- Zusätzliche Sortenbezeichnung: Regionale Herkunft, Sorte etc.[3,5]
- Herstellerangaben: Adresse von Imker oder Abfüller)[5]

[1] EU-Verordnung Nr. 271/2010 Anhang XI
[2] Eichgesetz
[3] Honigverordnung
[4] Loskennzeichenverordnung
[5] Lebensmittelkennzeichnungsverordnung

mer einer Losnummer. Am Ende dürfen die Angaben des Herstellers nicht fehlen. Hierzu gehören neben Name, Postanschrift, eventuell noch Telefonnummer und E-Mail.

Die Kontrolle

Ein Label wird erst dann zum Qualitätsmerkmal, wenn auch die entsprechenden Kontrollen durchgeführt werden: „Wo Öko drauf steht, muss auch Öko drin sein." Doch wer nun Ähnliches wie bei der Honigprämierung erwartet, liegt falsch. An der Qualität wird man nur selten Honig aus einem ökologischen von dem aus einem konventionellen Betrieb unterscheiden können. Dies gilt nach Stiftung Warentest auch für andere Lebensmittel. In den seit 2002 durchgeführten Tests kommt sie zu dem Schluss, dass Bio-Lebensmittel nicht unbedingt gesünder oder schmackhafter als konventionelle sind. Über Geschmack lässt sich zwar streiten, aber ist ein Lebensmittel genauso gesund, wenn in denselben Untersuchungen 75 % der Bio-Lebensmittel, aber nur 16 % der konventionellen pestizidfrei sind? Für Honig fallen die Unterschiede sicher weniger deutlich aus, vor allem, da die Bienen mehr oder weniger in dieselbe Landschaft fliegen.

Nicht Produkt-, sondern Herstellungskontrolle

Das Öko-Label verspricht zwar nicht unbedingt einen besseren Geschmack, gewährleistet aber, dass weder über das Wachs noch durch Behandlungen in der Bio-Haltung unzulässige Stoffe in den Honig gelangt sein könnten sowie, dass die Bienen nach ökologischen Gesichtspunkten bearbeitet und gehalten wurden.

Um dies dem Verbraucher zu garantieren, muss die Kontrolle bei der Produktion des Lebensmittels ansetzen. Ein wesentliches Element sind die mindestens einmal jährlich während der Saison stattfindenden Inspektionsbesuche der Kontrollstelle. Daneben sollen auch nicht angemeldete Kontrollen erfolgen.

Die Kontrollstelle, mit der ein Vertrag besteht, hat freien Zugang zu allen Produktions- und Lagerstätten sowie den Bienenständen. Grundsätzlich ist man zu Auskünften verpflichtet und auch Mitarbeiter können befragt werden. Ebenso kann der Kontrolleur Proben von Wachs und Honig sowie Holzproben von Beuten und Rähmchen für Rückstandsuntersuchungen nehmen. Meist geschieht dies in regelmäßigen zeitlichen Abständen.

Eine wesentliche Grundlage der Kontrolle bilden die Haltungs- oder Betriebsbücher. Hierin müssen unter anderem die Zu- und Abgänge von Tieren, Einzelheiten über Verluste und Maßnahmen im Zuge der Gesunderhaltung protokolliert werden. Insbesondere bei der Anwendung von Tierarzneimitteln müssen die Details der Kontrollbehörde vor der Vermarktung der Produkte bekanntgegeben werden. Aber auch angewanderte Standorte sind genau zu benennen, damit bei Bedarf kontrolliert werden kann, ob sie hinsichtlich der Umweltsituation den Anforderungen der Verordnung entsprechen.

Im Zweifelsfall können Rückstandsanalysen durchgeführt werden. Fütterungen sind genau zu protokollieren und zu belegen. Ebenso müssen alle Vorgänge – von der Honigernte bis zur Lagerung oder Verkauf – vermerkt werden und die entsprechenden Belege vorliegen.

Auch über zugekaufte Tiere, Rohstoffe und Betriebsmittel muss Rechenschaft abgelegt werden (siehe S. 154). Nur wenn Zukäufe bekannt und leicht zu kontrollieren sind, können Veränderungen schnell erkannt und ihre „Bio-Tauglichkeit" überprüft werden. Die Berechnung des Mengenflusses ist in der Bio-Imkerei ein wesentliches Element der Kontrolle. Der Kontrolleur muss abschätzen können, ob die Menge der produzierten Imkereierzeugnisse dem Völkerbestand entspricht.

Der Zukauf

Kein Betrieb kommt ohne Zukauf von Tieren, Rohstoffen und Betriebsmitteln aus. Der Zukauf von Schwärmen und Königinnen ist unproblematisch, so lange sie aus einer anerkannten Bio-Imkerei stammen. Bei allen Verbänden muss der Verkäufer zum eigenen Verband gehören. Wenn dies aus Ökobetrieben nicht möglich ist, können als Ausnahme 10 % aus konventionellen Betrieben stammen.

Von dieser Höchstzahl kann bei besonderen Notsituationen abgewichen werden, wie sie bei großen Völkerverlusten durch von Krankheiten, Vergiftungen oder Naturkatastrophen vorkommen können. Jetzt dürfen auch Bienenvölker unbegrenzt aus konventionellen Betrieben zugekauft werden. Nur Demeter erlaubt auch hier nur den Ankauf von Schwärmen. Wenn man sie in Beuten mit Bio-Wachs einlogiert, geht das zumindest nach EU-Ökoverordnung sogar ohne Umstellungsphase.

Bei jeder Kontrolle muss geprüft werden, warum ein Zukauf von Völkern oder Königinnen notwendig war. Wenn es häufiger zu Verlusten kommt, muss nach Abhilfe gesucht werden. Insbesondere wenn Krankheiten oder Haltungsfehler wie Verbrausen, Verhungern und ungünstige Standorte mit zum Beispiel großer Bienendichte als Ursache erkannt wurden, muss dies beanstandet werden. Ebenso sollte der Kauf von Königinnen nur als Ausnahme zur Verbesserung des genetischen Materials bei der eigenen Vermehrung der Königinnen dienen. Eine betriebliche Trennung von Bienenhaltung und Zucht sollte man ablehnen.

Buchführung

Die alte Weisheit „Ein Handwerker ohne gute Buchführung ist nur die Hälfte wert" gilt auch hier. Allein dieser administrative Aufwand schreckt viele ab, in den Bio-Bereich zu wechseln, auch wenn am häufigsten mit den zusätzlichen Kosten argumentiert wird. So rechnet man zurzeit allein für die Kontrolle von bis zu 25 Völkern mit etwa 250 € und bei bis zu 50 Völkern mit 300 €. Die Höhe der Kosten unterscheidet sich bei den einzelnen Verbänden und Kontrollstellen.

Da sich ein Teil der Kosten aus dem Arbeitsaufwand ergibt, kann man mit guter Buchführung und guter Vorbereitung einiges an Ausgaben sparen. Trotzdem klingt das viel, rechnet man aber mit einer Durchschnittsernte über mehrere Jahre von 40 Kilogramm pro Volk, so liegt je nach Betriebsgröße der Anteil zwischen 15 und 25 Cent pro Kilogramm Honig. Je größer der Betrieb, desto geringer sind die anteiligen Kosten. Für kleinere Betriebe könnte sich eine Gruppenzertifizierung lohnen. Hier hat es

Bio-Check: Zukauf

Bereich	Vorschrift	EU	Verbände							
			BK	BL	DE	EL	NL	Gä	BA	BS
Zukauf Königin, Schwärme	Aus Ökobetrieben	X	X¹⁾		X	X	X¹⁾	X	X	X
	Aus eigenem Verband		X	X	X		X	X		
	10 % aus konventionellem Betrieb (als Ausnahme) ²⁾	X	X	X		3)	X	X	X	X
	Aus konventionellem Betrieb (als Ausnahme) nur ohne Waben (nackt)					X				
Zukauf von Völkern auf Waben	Hohe Völkerverluste aus konventionellem Betrieb	X	X	X⁴⁾	X⁴⁾	X⁴⁾	X	X	X	X
	Umstellung für konventionelle Völker	X⁵⁾	X	X⁴⁾	X⁴⁾	X⁴⁾	X	X	X	X
Zukauf von konventioneller Ware	Nur wenn ökologische Produkte nicht verfügbar		X		X			X		
	Nicht parallel mit konventioneller Ware		X		X			X		

¹⁾ keine Rückstände vom im Verband nicht zugelassenen Stoffen
²⁾ nur auf Bio-Waben und Bio-Mittelwände ohne Umstellung
3) wird ausdrücklich ausgeschlossen
⁴⁾ nicht ausdrücklich ausgeschlossen, daher nach EU möglich
⁵⁾ keine Umstellung, wenn die Bienen in Beuten mit Bio-Wachs einlogiert werden
EU = EU-Ökoverordnung / BK = Biokreis / BL= Bioland / DE= Demeter / EL= Ecoland / NL= Naturland / Gä= Gäa /
BA = Bio Austria / BS= Bio Suisse
(Vorstellung der Verbände auf Seite 156)

bereits entsprechende Vorstöße, zum Beispiel von Biokreis oder dem Naturkostunternehmen Byodo gegeben. Die EU hat sich lange gegen eine Gruppenzertifizierung gesperrt. Mit der neuen Verordnung soll sich dies ändern. Auf jeden Fall wäre dies ein wichtiger Schritt, damit mehr Imker eine naturgemäße Tierhaltung und ihr Umweltbewusstsein auch nach außen demonstrieren können, im Zeitalter von „Urban Gardening" und „Solidarischer Landwirtschaft" ein notwendiger, wenn nicht überfälliger Schritt.

Bleibt noch der krönende Abschluss der Kontrolle: Wenn es nichts zu beanstanden gibt, erhält man ein Zertifikat, das jedes Jahr erneuert werden muss.

Bio und sozial gehören zusammen

Schließlich kommt die Frage auf, ob Bio auch ein sozialeres Umfeld bei der Produktion und Vermarktung verspricht. Beides liegt nahe beieinander und gehört eigentlich zusammen. Dafür stehen Initiativen wie die Arbeitsgemeinschaft „bio-regional-fair", in der sich in Bayern Naturschutz, Fairer Handel, Kirchen und Bio-Verbände (Naturland) zusammengeschlossen haben. Letztendlich geht es aber darum, die positiven Auswirkungen des ökologischen Landbaus auf Umwelt und Soziales zu

So wird's gemacht!

Buchführung in der Bio-Imkerei

Standort

- Bienenvölker eindeutig kennzeichnen
- Karte mit genauer Angabe der Standorte der jeweiligen Bienenvölker vorlegen
- Nachweise über als zulässig bzw. nicht zulässig ausgewiesene Gebiete (nicht Deutschland) oder
- Nachweise eventuell Analysen (z. B. Rückstandsanalysen von Wachs und Honig), dass Gebiete im Umkreis von drei Kilometern Anforderungen der Verordnung entsprechen
- Angaben über Standortwechsel von bestimmten Völkern machen
- Dauer des Standortwechsels bei Wanderung angeben (Datum der Auf- und Abwanderung mit jeweiligen Völkern)
- Angabe der Wanderung mit Bienenvölkern innerhalb einer von der Kontrollbehörde festgesetzten Frist

Fütterung

- Bei Fütterungen Produktname sowie Datum und Menge für die einzelnen Bienenvölker angeben

Tierarzneimittel

- Diagnose der Krankheit
- Für verabreichte Tierarzneimittel das Produkt mit Wirkstoff und Wartezeit
- Dosierung, Verabreichung und Dauer der Behandlung angeben
- Behandelte Bienenstöcke kennzeichnen
- Die Anwendung von Tierarzneimitteln ist der Kontrollstelle vor der Vermarktung der Produkte mitzuteilen

Einsatz von Betriebsmitteln

- Schädlingsbekämpfungsmittel
- Reinigungsmittel

Imkereierzeugnisse (Honig, Pollen, Propolis etc.)

- Datum der Wabenentnahme bei den jeweiligen Bienenvölkern
- Maßnahmen zur sachgerechten Gewinnung , Verarbeitung und Lagerung von Imkereierzeugnissen aufzeichnen
- Vorgänge der Honigernte sowie Honiggewinnung festhalten
- Angaben über Zeitpunkt und Menge von Ein- und Ausgang der Waren

Zukäufe von Tieren

- Angaben über Zeitpunkt, Herkunft und Anzahl von Zukäufen (Völker, Schwärme, Königinnen)
- Eindeutige Identifizierung der zugekauften Tiere bzw. Ein- oder Umweiselungen von Königinnen

Zukäufe von Rohstoffen

- Hersteller und Bezugsquelle sowie Zeitpunkt und Menge von zugekauftem Zucker oder Wachs

Zukäufe von Betriebsmitteln

- Reinigungsmittel
- Desinfektionsmittel
- Holzanstriche
- Schädlingsbekämpfungsmittel
- Beuten und Geräte

Aufbewahrung von Unterlagen

- Unterlagen müssen fünf Jahre aufbewahrt werden

nutzen. So gehören nach den Fair-Richtlinien von Naturland Öko-Kompetenz und soziale Verantwortung zusammen.

Manche wie Bioland machen in ihren Richtlinien die Verwendung seiner Marke sogar davon abhängig, dass Menschenrechte und soziale Gerechtigkeit eine Grundlage für die Erzeugung und Herstellung sind. Hierzu gehört auch die tarifgerechte Bezahlung von Mitarbeitern. Die um bis zu 30 % höheren Preise für Bio-Produkte verbieten Lohndumping auf allen Ebenen. Honig kann da sicher preislich nicht mithalten. Aber die Unterschiede und der Aufwand in der Bio-Imkerei sind gegenüber der konventionellen nicht so gravierend höher, wie es in anderen landwirtschaftlichen Sparten der Fall ist.

Für wen macht Imkern nach Ökorichtlinien Sinn?

Manche sind der Auffassung, dass sich „Bio" erst ab 50 Völkern rechnen würde. Entscheidend ist aber, wie und wo das Produkt verkauft wird. Eine Vermarktung im Bio-Laden erfordert natürlich zwingend eine Anerkennung als Bio-Betrieb. Im landwirtschaftlichen Biobetrieb mit Hofladen erweitert Honig das lokale Angebot um ein weiteres wertvolles Produkt.

Steht das Glas im Regal eines konventionellen Ladens, entscheidet der Kunde nach der Bekanntheit des Etiketts oder Gütezeichens. Bei allen Lebensmitteln wird dasselbe Biozeichen verwendet. Der hohe Bekanntheitsgrad und das Wissen um die Hintergründe wecken erfahrungsgemäß besonderes Vertrauen. Dies ist ein Marktvorteil und ermöglicht ein insgesamt höheres Preisniveau.

Wird jedoch ausschließlich direkt vermarktet, so sind das persönliche Verhältnis zum Kunden und das bestehende Vertrauen kaufentscheidend. Hier kann ein Einblick in die Betriebsweise und die Honigverarbeitung zusätzlich Vertrauen schaffen. Für die meisten alteingesessenen Kleinbetriebe mit Direktvermarktung lohnt sich die Umstellung auf Bio daher selten. Mit sicherheit aber für Neueinsteiger mit Energie für Größeres und für all diejenigen, die auch nach außen ihre Einstellung dokumentieren wollen.

Service

Weiterführende Literatur
Anton Büdel und Edmund Herold, Biene und Bienenzucht. Ehrenwirth Verlag, München, 1960
Karl von Frisch, Tiere als Baumeister. Verlag Ullstein, Frankfurt, 1974
Wolfgang Ritter, Bienen gesund erhalten. Ulmer Verlag, Stuttgart, 2012
Friedrich Ruttner, Naturgeschichte der Honigbienen. Ehrenwirth Verlag, München, 1984
Thomas D. Seeley, Honigbienen. Birkenhäuser Verlag, Basel, 1997
Thomas D. Seeley, Bienendemokratie: Wie kollektiv entscheiden Bienen und was können wir daraus lernen. S. Fischer Verlag, Frankfurt, 2014
Jürgen Tautz, Phänomen Honigbiene. Elsevier Verlag, München, 2007

Kontakte und Infos
Biokreis e. V.
Verband für ökologischen Landbau und gesunde Ernährung
Stelzlhof 1
94034 Passau
info@biokreis.de
www.biokreis.de

Bioland-Verband für organisch-biologischen Landbau e. V.
Kaiserstraße 18
55116 Mainz
info@bioland.de
www.bioland.de

Demeter e. V.
Brandschneise 1
64295 Darmstadt
info@demeter.de
www.demeter.de

Ecoland e. V.
Haller Straße 20
74549 Wolpertshausen
info@ecoland.de
www.ecoland.de

Naturland – Verband für ökologischen Landbau e. V.
Kleinhaderner Weg 1
82166 Gräfelfing
naturland@naturland.de
www.naturland.de

Gäa e. V. – Vereinigung ökologischer Landbau
Arndtstraße 11
01099 Dresden
info@gaea.de
www.gaea.de

BIO AUSTRIA – Verein zur Förderung des Biologischen Landbaus
Auf der Gugl 3/3.OG
A-4021 Linz
www.bio-austria.at

Bio Suisse Vereinigung Schweizer Biolandbau-Organisationen
Margarethenstrasse 87
4053 Basel
bio@bio-suisse.ch
www.bio-suisse.ch

Bildquellen

Titelfoto: Zoonar/Dierk Steindorfer
Hans Bahmer: Tafel 2/Bild 1
Dr. Otto Boecking: Tafel 3/Bild 1
Andreas Le Claire: Tafel 6/Bild 4
Dr. Rudi Demmeler: Tafel 1/Bild 4
Jürgen Gräfe: Tafel 2/ Bild 3 und 4
Dr. Kerstin Neumann: Tafel 2/Bild 2
Dr. Jürgen Schwenkel: Tafel 1/Bild 1 und 2, Tafel 3/Bild 2, 3 und 4, Tafel 4/Bild 1, 2
    und 3, Tafel 5/Bild 3, Tafel 6/Bild 1 und 2,
Dr. Marc O. Schäfer: Tafel 8/Bild 4
Reiner Schäfer: Tafel 5/Bild 1
Armin Spürgin: Tafel 1/Bild 3
Alle übrigen Fotos stammen vom Autor.
Die Zeichnungen fertigte Helmuth Flubacher, Waiblingen, nach Vorlagen des
    Autors.

Register

Impressum

Bibliografische Information der Deutschen Nationalbibliothek

Die Deutsche Nationalbibliothek verzeichnet diese Publikation in der Deutschen Nationalbibliografie; detaillierte bibliografische Daten sind im Internet über http://dnb.d-nb.de abrufbar.

© 2014 Eugen Ulmer KG
Wollgrasweg 41, 70599 Stuttgart (Hohenheim)
E-Mail: info@ulmer.de
Internet: www.ulmer.de
Lektorat: Silke Behling, Dr. Eva-Maria Götz
Herstellung: Gabriele Wieczorek
Umschlagentwurf: red.sign, Anette Vogt, Stuttgart
Satz: r&p digitale medien, Echterdingen
Druck und Bindung: Graph. Großbetrieb Friedrich Pustet, Regensburg
Printed in Germany

ISBN 978-3-8001- 3995-8